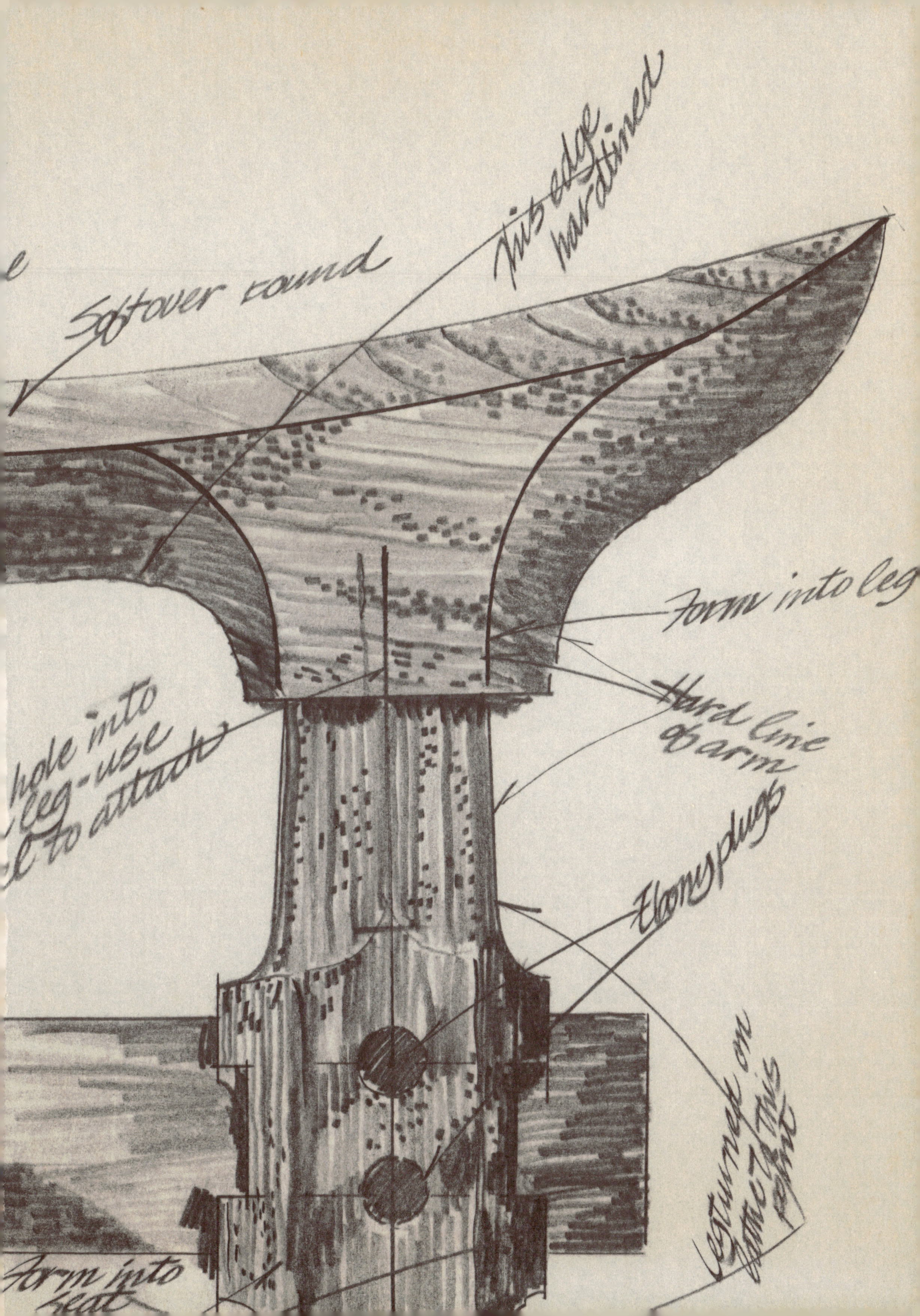
Soft over round
This edge hardlined
Form into leg
Hard line of arm
Ebony plugs
hole into
leg-use
to attach
Form into
seat

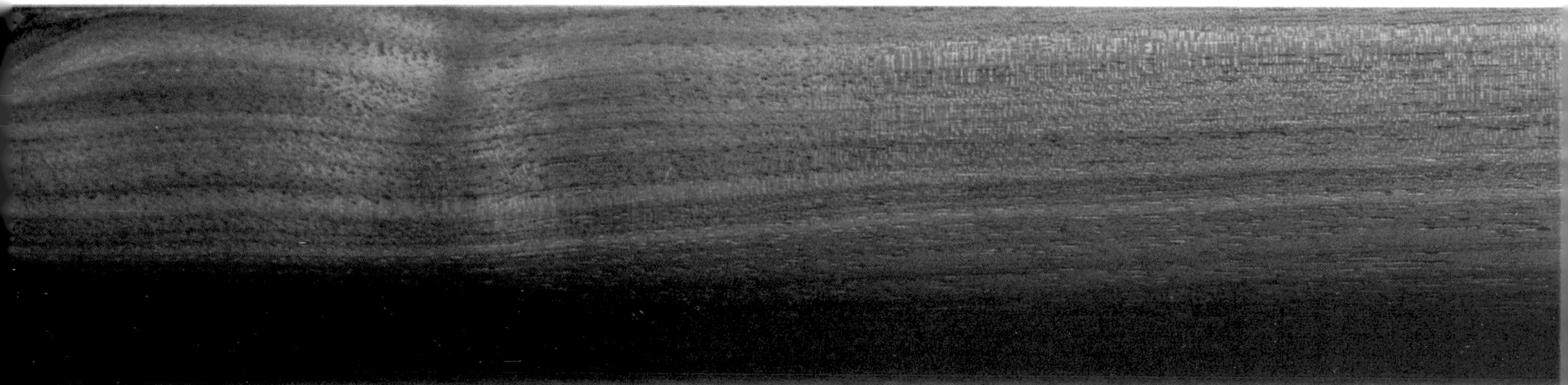

SAM MALOOF

Möbel aus Holz

SAM MALOOF

Möbel aus Holz

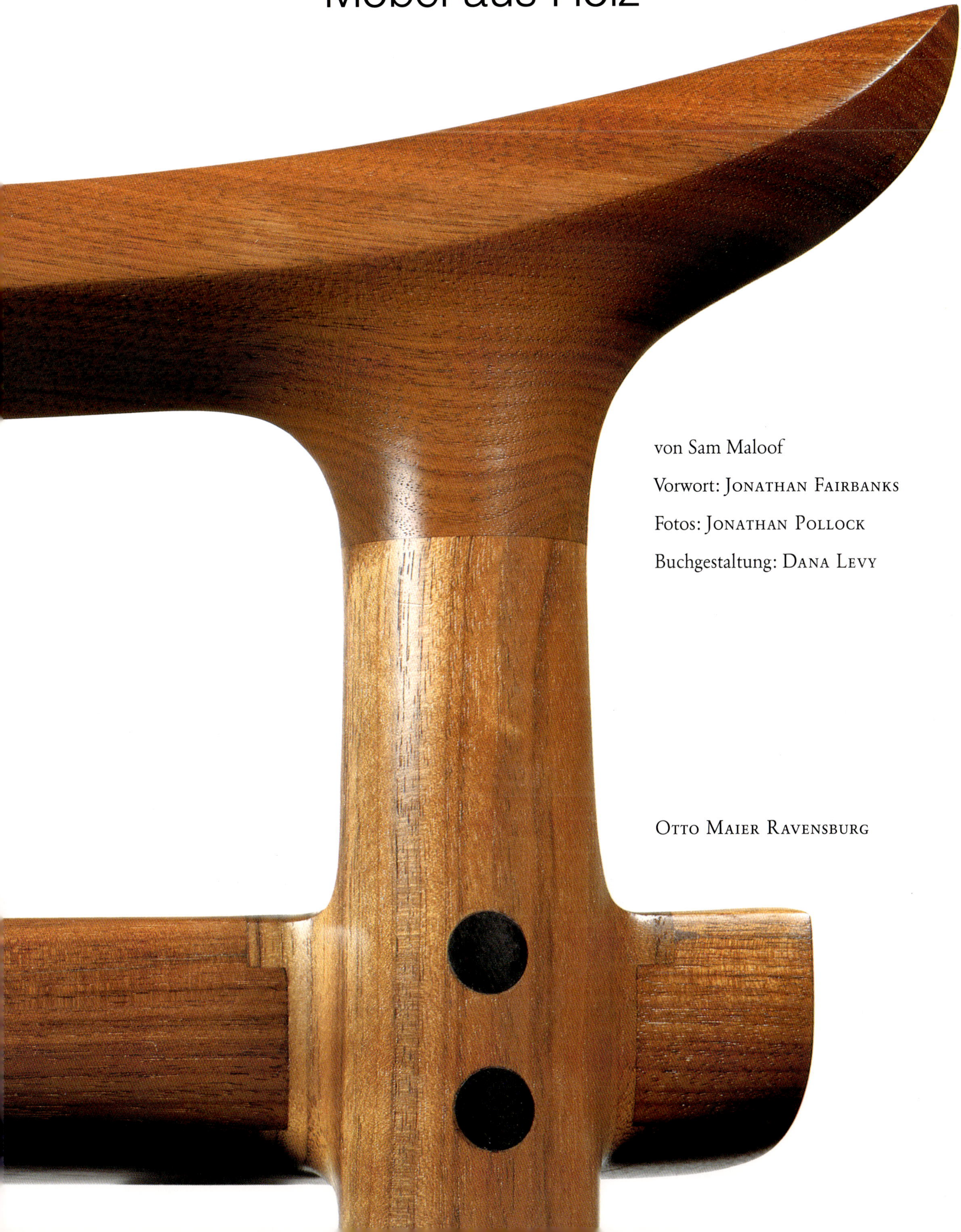

von Sam Maloof

Vorwort: Jonathan Fairbanks

Fotos: Jonathan Pollock

Buchgestaltung: Dana Levy

Otto Maier Ravensburg

Die Originalausgabe erschien 1983 in Japan unter dem Titel:
SAM MALOOF, WOODWORKER.

Übersetzung: Sabine Sarre, Freiburg
Redaktion: Dr. Willfried Baatz
Druck: Toppan Printing Co., Tokyo
Printed in Japan

95 94 93 92 4 3 2 1

ISBN 3-473-48371-0

Für Freda

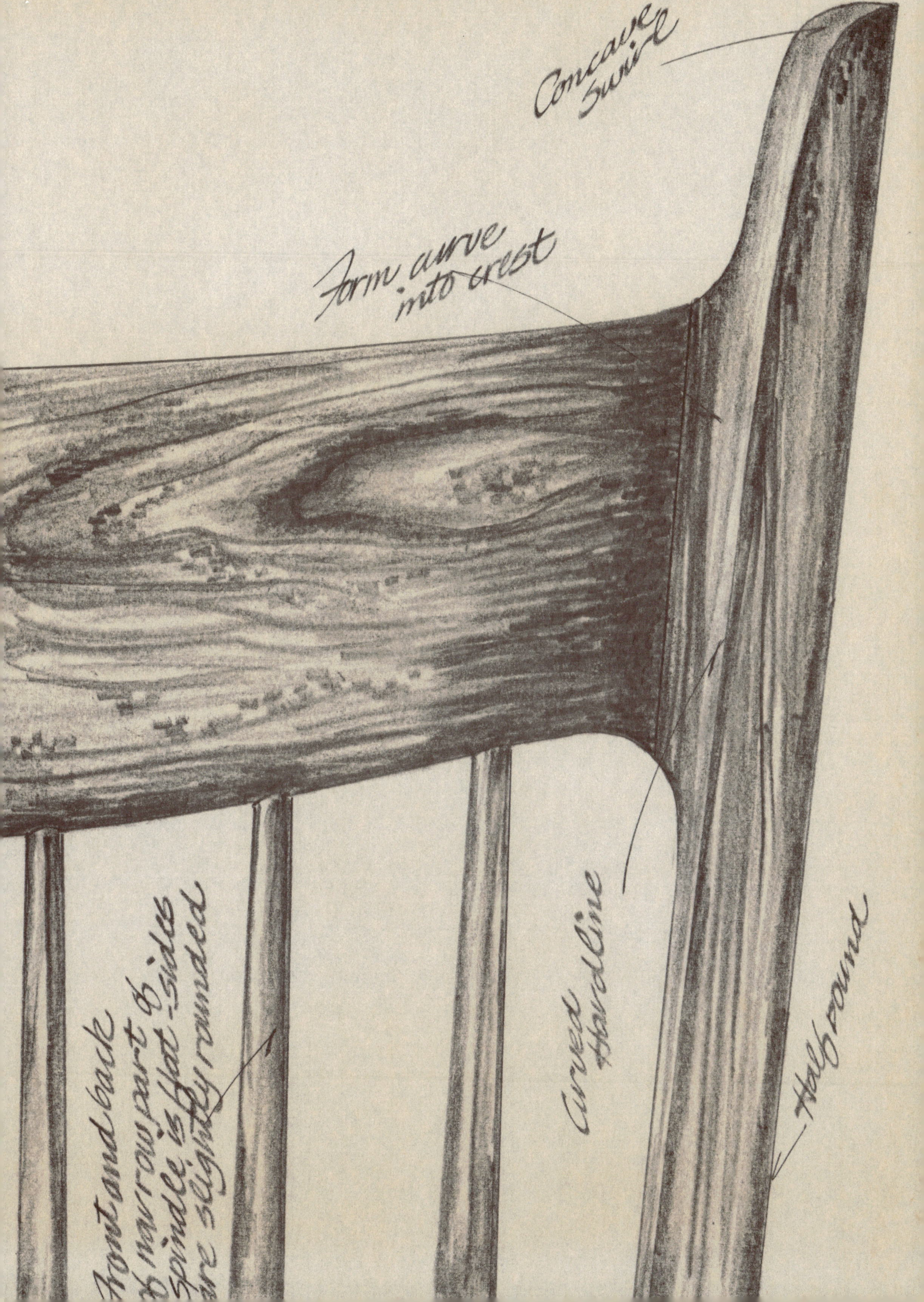
Concave Swirl
Form curve into crest
Curved Hardline
Half round
Front and back of narrow part of spindle is flat - sides are slightly rounded

Inhalt

Vorwort von Jonathan Fairbanks	13
1. Der Anfang	23
2. Weitergeben	37
3. Meine Arbeit	55
4. „Mit den Augen fotografieren“	185
5. Zu Hause	194
Epilog	217
Zeittafel	219
Bibliographie	221

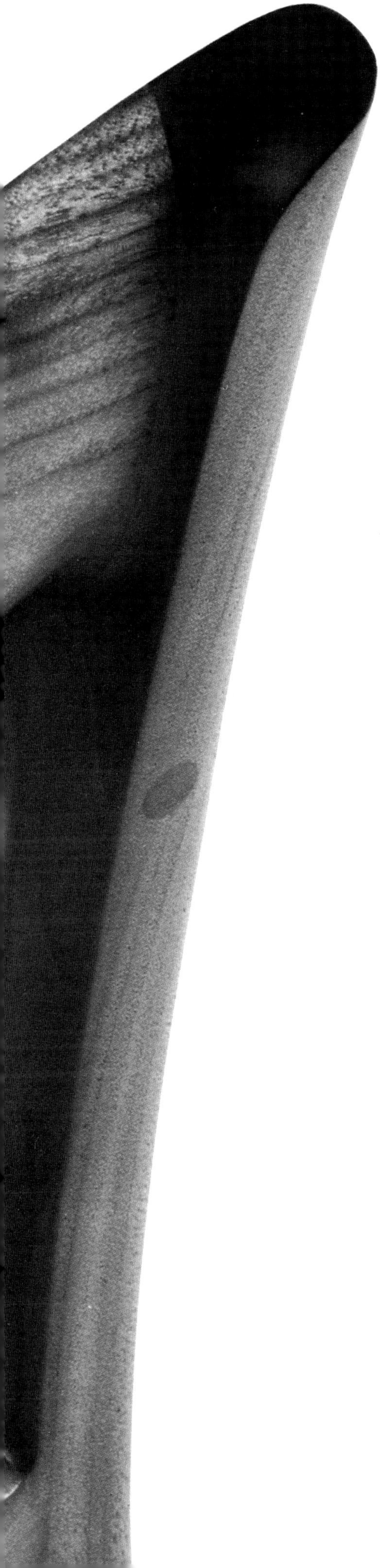

Danksagung

Dank an:
David Gardner, von dem die Idee zu diesem Buch stammt;
Dana Levy, der das Buch gestaltete;
Jonathan Pollock, der viele Jahre bei mir arbeitete, für die wunderschönen Fotos in diesem Buch;
Jonathan Fairbanks, Kurator des American Decorative Arts and Sculpture, Museum of Fine Arts, Boston, der sich die Zeit nahm, das Vorwort zu schreiben.
Dank an Joy Cattanach, Susan Peterson, Diana Williams, Tish O'Connor, Mitch Tuchman, Tad Akaishi und Marilou Maloof-Kent, die mir bei der Entstehung des Buches halfen. Vielen Dank auch an all jene, für die ich gearbeitet habe, denen das gefiel, was ich entwarf und baute, und die mich auf vielerlei Art und Weise unterstützt haben; und an meine Frau Alfreda Ward Maloof – ohne ihre Liebe und Hilfe wäre gar nichts erreicht worden.
Dank an alle.

An diesem Schiebegelenk lassen sich die Ablagen des Lesepults höher und tiefer stellen (siehe S. 171–172).

Vorwort

Ich begegnete Sam Maloof im Frühling 1966 in Niagara Falls im Staate New York auf einer Konferenz mit dem Thema „Die Rolle des Handwerks in der Erziehung". Auf dieser Tagung trafen sich Handwerker und Pädagogen aus dem ganzen Land. Sam kannte die meisten der Teilnehmer sehr gut, ich kaum einen. Er war schon damals ein bekannter Möbelschreiner von internationalem Ruf, der sich seinen Lebensunterhalt seit mehr als fünfzehn Jahren mit handgearbeiteten eleganten Möbeln verdiente. Ich war zu jener Zeit Mitglied des Kuratoriums am Henry Francis duPont Winterthur Museum, mit einer vorzüglichen Sammlung von Amerikana in Delaware. Das Museum sammelte ausschließlich Objekte, die vor 1840 entstanden waren. Der Gründer des Museums war wohl der Ansicht, daß mit diesem Datum die Kunst des Handwerks endete. Ich war völlig anderer Meinung und war sehr erfreut darüber, Sam kennenzulernen, dessen erstklassige Arbeiten das Gegenteil bewiesen.

Meine Begegnung mit Sam war eindrucksvoll. Er war offen und direkt und unglaublich freundlich. Zu fast allen Themen hatte er eine eigene und ehrliche Meinung. Seine Kleidung war lässig und westamerikanisch. Er trug Jeans, Cowboystiefel, einen silbernen Navajogürtel und ein dunkles Polohemd: seine übliche Tracht. Sams Erscheinung strahlte Vitalität und Kraft aus, Eigenschaften, die sich auch im Design und der Konstruktion seiner Möbel wiederfinden. Vom Künstler auf sein Werk zu schließen, kann richtig, aber auch völlig falsch sein. In Sams Fall ist es richtig, denn man kann seine Arbeiten nicht völlig verstehen, ohne ihn zu kennen. Einen Künstler mit seiner Kunst zu vergleichen, ist aber auch falsch, weil dies das Werk selbst unterbewertet. Sams Arbeiten bedürfen weder erklärender Worte noch der Einsicht in seine Persönlichkeitsstruktur. Seine Möbel gefallen, weil sie schön und praktisch sind und weil sie handwerklich sehr gut verarbeitet sind.

Wenn Sams Möbel tatsächlich keinerlei Erklärung bedürfen, warum sollte man dann ein Buch darüber schreiben? Tausende kennen seine Arbeiten aus Privathäusern und öffentlichen Sammlungen. Sie erleben seine Möbel, wenn sie sie anfassen, darauf sitzen oder tagtäglich benützen. Diese direkten Erfahrungen können jedoch nicht Sams Lebensphilosophie und die Gedanken, die ihn motivieren und charakterisieren, vermitteln. Auch sagen seine Möbel nichts über die Umgebung aus, in der sie entstehen, oder über den Platz, den sie im heutigen Holzhandwerk einnehmen. Dieses Buch soll den Leser in Sams Welt einführen und ihm zeigen, daß Entwurf und Fertigung seiner Möbel untrennbar verbunden sind mit seiner Persönlichkeit, seiner Familie und seinem Zuhause in einem fast drei Hektar großen Zitronenhain in Alta Loma, Kalifornien.

Handwerker bauen nicht automatisch edle Möbel. Es sind enorme Risiken damit verbunden, sich auf dieses Metier einzulassen. Es sind ökonomische, aber auch emotionale und intellektuelle Risiken. Ein Kunsthandwerker macht das, woran er glaubt. Er macht das, was er vor seinem inneren Auge sieht. Er macht einen Stuhl, einen Tisch oder eine Kommode so, wie er glaubt, daß sie sein sollten. Er arbeitet dabei mit allen Mitteln, die er besitzt: Übung, Eingebung und Selbstdisziplin. Wie immer in der Kunst, geht es auch hier um die Idee und die Umsetzung der Idee in eine dreidimensionale Wirklichkeit. Der Prozeß der Umsetzung eines gedanklichen Konzeptes birgt Gefahren in sich. In der Massenproduktion von Möbeln wird diese Gefahr ausgeschlossen, weil dort das Fehlerpotential so gering wie möglich gehalten wird. Beim handwerklichen Möbelbau mit seinen komplexen Holzverbindungen und verschiedenen Oberflächentechniken gibt es jedoch unzählige Möglichkeiten, zu scheitern. In Sams Fall stimmen Konzept und Ausführung überein.

Die Kunst, ein edles Möbel zu bauen, ist für die meisten Amerikaner ein sehr fernes Thema; es bedarf der Erklärung. Ein Möbel ist für die meisten einfach ein Konsumgut. Ein edles Möbel aber ist etwas anderes: Es entsteht aus dem gleichen ästhetischen Impuls heraus wie Gemälde, Skulpturen und Architektur. Es gibt keinen grundlegenden Unterschied zwischen Kunst und Kunsthandwerk. Kunstverständnis jeglicher Art braucht jedoch Zeit, Nachdenken und einen entwickelten Geschmack. Es ist ein Ziel dieses Buches, dabei eine Hilfe zu sein, indem es viele Abbildungen von Sams Werken zeigt und die äußeren und inneren Dimensionen dieser Arbeiten deutlich macht.

Ich sah Sams Möbel zum ersten Mal auf einer Ausstellung in der State University, Utica, die für die Mitglieder der Niagara-Konferenz organisiert worden war.

Ich war nicht überwältigt. Sam baut keine imponierenden Möbel. Seine Arbeiten drängen sich einem nicht auf. Und doch hinterließen seine Möbel bei mir einen Eindruck, der noch lange anhielt, nachdem ich andere Objekte dieser Ausstellung schon längst wieder vergessen hatte. Sams Arbeiten sind ruhig, feinfühlig und ernsthaft. Der Charakter seiner Möbel ist geprägt von Sams frühen Erfahrungen in Designer- und Künstlerateliers, wo er sein Können im Zeichnen und Schriftschreiben entwickelte. Im Gegensatz dazu erwarb er seine Schreinerkenntnisse autodidaktisch. Die sparsame und elegante Linienführung seiner Möbel steht in deutlichem Kontrast zu den wildgemusterten Möbeln der heutigen New-Wave-Designer. Deren Entwürfe erregen vorübergehend Aufsehen, Sams Arbeiten dagegen haben eine gewisse Zeitlosigkeit.

Das Design der 40er Jahre hat auch Sams Möbelstil beeinflußt, der sich ständig weiterentwickelt. In seinen Möbelformen sind traditionelle und nicht traditionelle Techniken, impulsive und wohlüberlegte Elemente, Einfaches und Kompliziertes harmonisch vereint. Diese Ausgeglichenheit gewährt wenig Spielraum für radikale Veränderungen, fördert dafür aber die Verfeinerung. Sam baut immer noch Möbel, die er am Anfang seiner Entwicklung entworfen hat. Bei jeder neuen Ausführung aber verbessert er etwas an der Linienführung, der Konstruktion oder den Proportionen. Die ausgeprägten Formen seiner Möbel stammen oft aus Naturbeobachtungen, vor allem natürlich vom Holz selbst, seiner Maserung und Erscheinung. Sam sagt über seine Arbeit:

„Jeder Handwerker kennt die Befriedigung, die beim Entwerfen und Erschaffen eines Objekts aufkommt. Mein Material ist das Holz. Wenn man einmal Holz bearbeitet und seinen besonderen Geruch aufgenommen und es geschmeckt hat, dann gibt es meiner Meinung nach nichts, was dieses Gefühl wirklich ersetzen könnte. Das Verarbeiten eines rohen Holzstücks zu einem nützlichen Gegenstand schweißt den Menschen und das Material zusammen."

Diejenigen, die etwas von guter Ausführung verstehen, wissen, wovon Sam spricht. Noch wichtiger natürlich ist die direkte Aussage der Möbel selbst. Jeder Versuch, das zu analysieren, was die künstlerische Qualität seines Werkes ausmacht, ist zwecklos. Sams Möbel machen Werte sichtbar, die über die sinnlichen Freuden wie Anfassen und Betrachten hinausgehen. Er gebraucht die Begriffe „Seele" und „Geist", um seine Haltung zu erklären. In Sōetsu Yanagis berühmtem Buch *„The Unknown Craftsman: A Japanese Insight into Beauty"* (1972) wird das weiter ausgeführt. In dem Vorwort zu diesem Buch schreibt Bernard Leach:

„Wahre Handwerkskunst ist, wenn sie lebt, immer ein Ausdruck der menschlichen Seele. Die Arbeit selbst ist das Ziel und kein Mittel zum Zweck. Wenn Handwerk jedoch aufhört, einem Nutzen zu dienen, läuft es Gefahr, Kunst um der Kunst willen zu werden und seine eigentliche Bestimmung zu verraten. Und das hängt von der Charakterstärke des Handwerkers ab."

Sam und seine Frau Alfreda dachten schon 1940 so, lange bevor *„The Unknown Craftsman"* erschien. Auch ein sorgfältig gehütetes Exemplar dieses Buches in der großen Bibliothek der Maloofs beweist ihren Glauben an das Spirituelle in der Handwerkskunst.

Meine Frau Louise und ich schätzen uns glücklich, mit Sam und seiner Frau seit der Niagara-Konferenz befreundet zu sein. Wir sind nach und nach und ganz selbstverständlich ein Teil des großen Freundeskreise der Maloofschen Familie geworden. Wir besuchen sie und sie besuchen uns. Ich habe ihre außergewöhnliche Sammlung von Arbeiten bedeutender Handwerker und Freunde kennengelernt, einschließlich der Arbeiten von Bob Turner, Laura Andreson, Bob Stocksdale, Paul Soldner und Maria Martinez. Sam interessiert sich sehr für andere Kulturen. Das reicht von der lateinamerikanischen Kultur über die der Pueblo-Indianer in New Mexico bis hin zur Kultur der Navajos und der seiner libanesischen Vorfahren. Das Maloofsche Haus, von Sam selbst gebaut, ist voller Überraschungen. Es ist wie ein magischer Nautilus, angefüllt mit zeitgenössischen und antiken Werken einheimischer und ausländischer Künstler. Jeder Besucher ist beeindruckt von dem Wert dieser Sammlung, von der Ordnung ihrer selbstgeschaffenen Umgebung und der Herzlichkeit der ganzen Familie.

In der dem Haus angeschlossenen Werkstatt baut Sam etwa 75 Möbelstücke pro Jahr. Das ist eine bemerkenswerte Leistung, bedenkt man die Tatsache, daß er höchstens zwei Helfer hat. Sam macht den Zuschnitt und den Zusammenbau jedes Stückes selbst; helfen läßt er sich beim Schleifen, Formen und bei der Oberflächenbehandlung. Er verkauft direkt an seine Kunden, so wie es früher üblich war, und nicht über Galerien oder Zwischenhändler. Der Verkauf ist so persönlich wie die Arbeit selbst auch. Jedes Stück wird signiert, numeriert, mit dem Herstellungsdatum versehen und in ein Buch eingetragen, das Alfreda führt. Anders ausgedrückt: Die Maloofsche Produktion ähnelt eher einem Künstleratelier, in dem jedes Werk auf die Bedürfnisse des Künstlers und des Käufers zugeschnitten ist. Es gibt keine Produktion aufs Geratewohl. Jedes Jahr entstehen zwei oder drei neue Möbel, die speziell für einen Kunden entworfen und dann in Sams Repertoire aufgenommen werden. Dieses System funktioniert sehr gut.Es beruht auf einem enormen fachlichen Können, ungewöhnlicher Leistungsfähigkeit und vor allem auf Sams Gefühl für Qualität. Keine Handelsfirma kann das Maloof-Produkt herstellen oder vertreiben. Trotz sehr verlockender Angebote hat Sam sich immer gegen eine Kommerzialisierung gewehrt. Er empfände das als unfair gegenüber seinen Stammkunden und als einen Verrat an seinen Überzeugungen.

In unserem Computerzeitalter mit ihren Massenerzeugnissen leidet die Menschheit an einem zu hohen Grad der beruflichen Spezialisierung, die die Gesellschaft statt sie zu vereinigen eher spaltet. Dieser Verlust wird besonders deutlich in unserer entpersönlichten Kultur, die nach Kenntnissen strebt, die nichts mehr mit Gefühl und zwischenmenschlichem Austausch zu tun haben. Einst brachte das tägliche Tauschgeschäft die Leute eines Dorfes zusammen; die Arbeit des Künstlers und des Handwerkers bildete so die unentbehrliche Grundlage der Gemeinschaft. Heute ist das im allgemeinen nicht mehr so; der Käufer begegnet dem Hersteller des Produkts nur äußerst selten.

Sams Vorgehensweise ist eine andere. Seine Kunst erreicht Menschen unterschiedlichster Herkunft. Seine Möbel werden geschätzt. Es ist ihm nicht wichtig zu wissen, ob seine Kunden ernsthafte Sammler, Geschäftsleute, Erzieher, junge Paare, Arbeiter oder Doktoren sind. Die besonderen Eigenschaften von Sams Möbeln sprechen ein breites Publikum an. Er bleibt in Kontakt mit denen, die ein Möbel bei ihm gekauft haben. Und so oft wie möglich besucht er die neuen Besitzer in ihren Häusern oder Büros, um seine Möbel in Gebrauch zu sehen, bei der Pflege zu helfen und sich mit den Kunden zu unterhalten, die seine Freunde geworden sind.

Seine Ästhetik schließt die Zweckmäßigkeit mit ein, ein Element, das der modernen Kunst heute meist fehlt. Die heutige Kunst erfüllt meist keinerlei Zweck oder Nutzen; es ist „tote Kunst", die oft jeglichen Bezug zum Menschen verloren hat. Sams Möbel dagegen verbinden Kunst und Handwerk, das Schöne mit dem Nützlichen, das Poetische mit dem Praktischen.

Ich erlebte die Wirkung von Sams Möbeln im Dezember 1977, als das Museum of Fine Arts in Boston eine kleine Ausstellung machte mit dem Titel „Zeitgenössische Werke von Meisterhandwerkern", bei der die Objekte auch zum Verkauf standen. Sams Stücke waren sofort verkauft. Die Frau, die seine wunderbare Sitzbank erwarb (siehe S. 147), staunte darüber, daß man ein solches Kunstwerk allein mit Geld kaufen konnte. Obwohl die Käuferin Sam nie getroffen hatte und sehr wenig über seine Person wußte, erkannte sie doch instinktiv die Kraft und Ausstrahlung seiner Arbeit und die Perfektion, die er bei der Formgebung der Bank erreicht hatte. Ihr gefiel, daß die Bank eine bequeme Sitzgelegenheit war, und freute sich gleichzeitig an dem phantasievollen Spiel der Formen und Kanten, die Hand und Auge entdecken konnten. Ich war recht erstaunt, diese Kommentare von jemandem zu hören, der kein Sammler moderner Möbel war. Sie sprach direkt auf das Werk selbst an. Wie alle Möbel von Sam, beweist auch die Sitzbank seine Sorgfalt bis ins kleinste Detail, und das verleiht jedem Stück eine ganz persönliche Ausstrahlung.

Sams Engagement für seine Arbeit geht über Design, Ausführung und Verkauf hinaus. Im Jahre 1976 machte es die Unterstützung des National Endowment for the Arts zusammen mit Geldern der Gillette Corporation dem Museum of Fine Arts in Boston möglich, zwölf Sitzmöbel von Maloof zu erwerben. Diese Stücke sind die ersten Exemplare amerikanischer Möbel, die von einem noch lebenden Handwerker für die Sammlung des Museums erworben wurden. Die Möbelstücke von Maloof sind als Sitzgelegenheiten für das Publikum gedacht und bieten den Besuchern ein physisches Erlebnis in den Ausstellungsbereichen, in denen man historische Werke ansehen, aber nicht berühren darf. Auf seinen Reisen in den Osten Amerikas inspiziert Sam seine Arbeiten jedesmal und berät das Museum bezüglich der Pflege. Mutwillige Zerstörung ist immer eine Gefahr; mit Sams Bänken und Stühlen aber sind die mehr als zweihunderttausend Museumsbesucher sehr rücksichtsvoll umgegangen. Sie sehen noch sehr gut aus. Der Erfolg der Maloof-Möbel hat zu einer Erweiterung der zeitgenössischen Sitzmöbelsammlung geführt: es wurden noch 38 weitere Werke von 16 anderen Künstlern und Handwerkern, die mit Holz arbeiten, in die Sammlung mit aufgenommen.

Warum haben Sams Arbeiten in öffentlichen Gebäuden genausoviel Erfolg wie in Privathäusern? Als Sam in das Museum kam, um sich anzusehen, wo seine Möbel stehen sollten, hatte ich erwartet, daß er ein Möbel speziell für diese Orte entwerfen würde. Statt dessen baute er Möbel, die in Größe und Form dem entsprachen, was er auch für Häuser oder Büros baute. Das war richtig, denn seine Sitzmöbel wurden an den verschiedensten Stellen eingesetzt, und sie erwiesen sich immer als äußerst anpassungsfähig. Sie wirken in den Räumen mit klassischer ebenso wie in denen mit frühamerikanischer Kunst.

Die Möbel selbst haben eine starke Wirkung, ohne aber von den anderen Werken abzulenken. Der Besucher, der darauf sitzt, erlebt das Skulpturenhafte der Formen: wie die Konturen des Möbels dem menschlichen Körper entsprechend gearbeitet sind, wie harte und weiche Linien und Kanten ineinanderspielen und konvexe und konkave Formen bilden. Sams Möbel helfen auch dem sehbehinderten Besucher, das Wesen von Licht und Schatten zu begreifen. Die harten und weichen Linien fühlen sich ähnlich an wie vom Wind geformte Wellen im Sand.

Der Erfolg von Sams Möbeln beruht zum großen Teil auf seinem sicheren Gefühl für Formen und Proportionen. Fragt man ihn, wie er die Proportionen seiner Möbel bestimmt, antwortet er entwaffnend offen. Er geht von seinem eigenen Bedürfnis nach Bequemlichkeit aus. Beginnt man diese Größenverhältnisse zu analysieren, dann stellt man als erstes eine deutliche Übereinstimmung zwischen der menschlichen Gestalt und der Form der Möbel fest. Eine Stuhllehne, zum Beispiel, ist in vier Abschnitte aufgeteilt, die dem Halswirbel-, dem Brustwirbel-, dem Lendenwirbel- und dem Kreuzbeinbereich entsprechen. Stuhlbeine entsprechen in ihrer Höhe der durchschnittlichen Körpergröße. Mit Ausnahme seiner Schaukelstühle, die recht niedrig sind (die Schaukelstühle im Museum messen an der vorderen Sitzkante etwa 30,5 cm in der Höhe), sind Sams Sitzmöbel im allgemeinen bequeme 40 cm hoch. Dazu kommt, daß die Neigung, Größe und Form der Sitzfläche in Verbindung mit der Schräge der Rückenlehne den Sitzenden vor einem Nachvornerutschen bewahrt. Sam testet einen Stuhlentwurf, indem er sich selbst daraufsetzt, um herauszufinden, ob die Rückenlehne bequem ist und ob die Sitzfläche den Sitzenden trägt. Wenn er auf dem Sitz nach vorne rutscht, dann ist der Entwurf ein Flop.

Einige Male hat ein ursprünglich nur auf die speziellen Bedürfnisse eines Kunden zugeschnittener Entwurf zu einem neuen Modell geführt. Ein Kunde, zum Beispiel, brauchte einen Stuhl mit einer speziellen Unterstützung im Lendenwirbelbereich. Sam kam ganz instinktiv auf die richtige Lösung, indem er eine Reihe senkrechter Latten dem eigenen Rücken anpaßte, bis er den nötigen Stützbogen herausgefunden hatte. Er übertrug diese Form dann auf eine Reihe senkrechter Rückenstäbe, die an die Sprossen der alten Windsorstühle erinnerten. Der Stuhl wurde so bequem, daß Sam die Form und Ausführung in sein Stuhlrepertoire mit aufnahm. Anders als auf manchen industriell gefertigten Stühlen, deren Rückenlehnen die Schultern nach vorne fallen lassen und den unteren Rücken nicht wirklich unterstützen, kann sich der menschliche Körper auf Sams Stühlen tatsächlich ausruhen.

In den Jahren, in denen Sam sich sein Wissen über die anatomischen Größenverhältnisse aneignete, befaßte sich in der Nähe auch der bekannte Industriedesigner Henry Dreyfuss mit den menschlichen Maßen. Seine anthropometrischen Datentabellen wurden später von der Whitney Library of Design veröffentlicht. Während Dreyfuss' Entwürfe sich nach den wissenschaftlich errechneten Bewegungen des menschlichen Körpers und dessen Abmessungen, Toleranzen und Erfordernissen richteten, setzte Sam seinen eigenen Körper, Erfahrung und Intuition ein, um bequeme Möbel zu entwickeln. In seinen Möbeln zeigt sich das Ergebnis seiner Überlegungen, lange bevor die Dreyfuss-Forschungen veröffentlicht wurden. Sam erzählt in seinem Buch, daß er und Dreyfuss sich kannten und schätzten. Henry Dreyfuss bestellte bei Sam Möbel, ohne die Proportionen, den Stil oder den Entwurf vorzugeben; er bewunderte und wünschte sich den persönlichen Stil von Sams Arbeiten.

Schönheit entsteht, laut Sam, aus einem dringenden Bedürfnis heraus und entwickelt sich zuerst im Entwurf und dann in der Ausführung. In gewissem Sinne erinnern seine Arbeiten und seine Einstellung zur Kunst an die alten Ägypter. Wie Sam auch, brauchten sie das Gefühl der Ausgeglichenheit und der Harmonie, irgendeine Ordnung in einer scheinbar chaotischen Welt. Wie die Ägypter, behält auch Sam seinen Stil bei, der sich im Lauf der Zeit nur langsam ändert. Auch seine Holzverbindungen und die Linienführung seiner Möbel erinnern an die großartige Handwerkskunst und die Pracht der alten ägyptischen Möbel. Da der Arbeitsaufwand keine Rolle spielte, scheuten die Ägypter bei der Oberflächenbearbeitung und den feinen Holzverbindungen keinerlei Mühe. Bei Sam ist das genauso: Alle Flächen seiner Möbel erhalten eine sorgfältige Oberflächenbehandlung, und jedes Einzelteil wird mit sichtbaren Holzverbindungen geschmückt. Sams Möbel lassen sich jedoch nicht von denen der alten Ägypter herleiten. Die Ähnlichkeit entsteht in dem, was der Kultursoziologe „Konvergenz" nennt. Eine Konvergenz ist dann gegeben, wenn ähnliche Probleme in verschiedenen Zeitaltern zu ähnlichen Lösungen führten.

Wichtiger jedoch als oberflächliche Analogien zwischen Sams Möbeln und denen anderer Zeiten ist sein bemerkenswerter Beitrag zur neuen Handwerksbewegung und zur „kalifornischen Schule" der modernen Schreinerei, die für ihre organischen Formen und plastisch gestalteten Verbindungen bekannt ist. Sams Arbeiten haben so viele andere Handwerker beeinflußt, daß man beinah versucht ist, ihn als das Oberhaupt der „Bewegung" zu bezeichnen. Sein kreativer Umgang mit Werkzeug beeindruckt seine Handwerkskollegen. Von keinerlei Tradition behindert, formt Sam sehr geschickt viele seiner Teile auf der Bandsäge. Die Sitzflächen seiner Stühle werden noch vor dem Verleimen auf der Bandsäge „ausgehöhlt". Auf diese Weise spart er 80 Prozent des Verschnitts, der bei einer konventionellen Bearbeitung anfallen würde. Die Art und Weise, wie er Ziehklinge, Oberfräse, Tischfräse, Raspel und Surformhobel einsetzt und verwendet, ist ebenso unorthodox wie effizient. Um die Konturen seiner Sitzflächen herauszuarbeiten, nimmt Sam einen Klüpfel, ein Hohleisen und eine Tellerschleifmaschine. Dann wird mit der Hand nachgeschliffen.

Das Erkennungszeichen der Maloofschen Möbel ist vielleicht die sichtbare Holzverbindung von Stuhlbein und Sitzfläche. Das ist eine sehr komplexe Nut-und-Feder-Verbindung.

Diese Verbindung ist solide konstruiert, optisch sehr ansprechend und bildet ein interessantes Detail an dieser Stelle. Solche Details sind auch die dekorativen Ebenholzdübel, die Sam verwendet, um eventuelle Verbindungsschrauben abzudecken. Wenn Sam Bretter aneinanderfügt, nimmt er Holzdübel und Weißleim; an kritischen Stellen sorgen Schrauben für zusätzlichen Halt.

Eines der berühmtesten Stücke ist sein Schaukelstuhl, der hier auf den Seiten 121–125 abgebildet ist. Die große Ausladung der Kufen dieses Schaukelstuhls wurde erst dadurch möglich, daß Sam ein Problem beseitigte, das der Konstruktion traditioneller Schaukelstühle anhaftete. Das Problem waren die Kufen aus einem Stück, deren Maserung nicht dem Schwung folgte. Sam löste dieses Problem dadurch, daß er sieben Holzschichten aufeinanderleimte und seine Kufen dadurch unverwüstlich machte. Den geheiligten „Bostoner Schaukelstuhl“ so grundlegend zu verändern, dazu noch in einer Stadt, in der dieser seit einem Jahrhundert so gebaut worden war, war für einen kalifornischen „Emporkömmling“ eine beachtliche Leistung.

Auch was die Oberflächenbehandlung betrifft, hat Sam einige neue Ideen. Er macht aus seinem Rezept kein Geheimnis: Eine 1:1-Mischung aus gekochtem Leinöl und rohem Tungöl mit einer Handvoll Bienenwachs wird auf eine Grundierung aus gleichen Teilen Urethanlack, gekochtem Leinöl und rohem Tungöl aufgebracht. Dieser zweite Auftrag wird drei Tage lang in das Holz hineingerieben und dann mit ganz feiner Stahlwolle (0000) abgezogen. Das Resultat ist ein wunderbar halbmatter Überzug, der die Maserung des Holzes hervorhebt, ohne zu sehr zu glänzen. Die Urethangrundierung schützt die Oberfläche vor Wasserflecken.

Schreiner und Kunsthandwerker kennen Sams Methoden aus verschiedenen Zeitschriftenartikeln. Sam sagt aber auch, daß Technik allein nicht das eigentliche Geheimnis eines Handwerks ist, daß Werkzeuge und Methoden für den Handwerker einfach Mittel sind, um sein Ziel zu erreichen.

Das Wort *Arbeit,* das in diesem Buch oft auftaucht, weist auf eine ganz grundlegende Regel in Sams Leben hin. Arbeit, vor allem physische Arbeit, ist ein wesentlicher Bestandteil des Produktionsablaufs bei Handwerkern. In Sams Leben ist Arbeit etwas ganz Zentrales und bedeutet tägliche Disziplin. Für ihn ist Arbeit eine Bestätigung; es ist keine Plackerei und keine Mühe, die man nur des Geldes wegen auf sich nimmt. Arbeit ist auch das Planen und Vorbereiten der nächsten Aufgaben (oder der vorhersehbaren Schwierigkeiten). Zum Arbeiten geht Sam einfach in den 90 m^2 großen Maschinenraum hinüber, der mit den anderen Werkstatträumen direkt an sein Haus angrenzt. Hier kann er das Rohmaterial der Natur zum Ideal umformen. Sam arbeitet mit der Überzeugung, daß es eine Macht und eine Bestimmung außerhalb unserer Vorstellungskraft gibt. Seine Arbeit steht sowohl unter dem Einfluß der eigenen inneren Kräfte als auch unter dem Einfluß jener Krafteinwirkung von außen. Manche Leute nennen letzteres einfach Kultur und Tradition, andere sehen darin das Unsichtbare, Göttliche.

Zuschauer von Sams Vorführungen an der Bandsäge sind erstaunt und fast hypnotisiert von der lockeren Sicherheit, mit der er das Holz bearbeitet. In der Geschicklichkeit seiner Hände den Grund für seine Meisterschaft zu sehen, hieße, das eigentliche Wesen handwerklicher Arbeit zu verkennen. Das Ziel eines Handwerkers ist die Veredelung des Rohmaterials. Er macht einen rein nützlichen Gegenstand gleichzeitig zu einem Ausdruck seiner inneren Vision. Vielleicht mißversteht die allgemeine Öffentlichkeit das Handwerk deshalb, weil die gegenwärtige Gesellschaft mehr aus Zuschauern als aus aktiven Gestaltern der eigenen Umwelt besteht. Sams Werk ist eine gute Kraft gegen den wachsenden Trend zu Konsum und Kommerzialisierung.

Einst umschlossen riesige Zitronenhaine das, was heute die isolierte Enklave der Maloofs ist. Wohnsiedlungen rücken immer dichter an den Familiensitz mit Werkstatt, Garten und Gästezimmern heran. Das Haus birgt persönliche Schätze, die seit mehr als 35 Jahren gesammelt wurden. In gewissem Sinne ist diese isolierte Lage ein Symbol für Sams und Alfredas Ideale und ihren Kampf gegen das, was die Welt „Fortschritt" nennt. Das Haus ist eine Oase und eine Quelle der Inspiration für seine Besucher.

Für viele junge Handwerker ist Sam zu einem Vorbild geworden. Sein Leben beweist, daß man vom Schreinern gut leben und den üblichen Konkurrenzkampf hinter sich lassen kann. Sams angeborene Begabung, seine schöpferische Phantasie, seine handwerklichen Fähigkeiten und sein Scharfblick sind außergewöhnlich entwickelt. Und er läßt sehr bereitwillig andere an seinen Fähigkeiten teilhaben und hilft damit manchem jungen Handwerker, der Erfüllung seines persönlichen Traumes näher zu kommen.

Jonathan L. Fairbanks,
American Decorative Arts and Sculpture
Museum of Fine Arts, Boston.

1

Der Anfang

Es war im Jahre 1948. Ich war 32 Jahre alt, und ich beschloß, Schreiner zu werden. Von diesem Tag an konnte ich mir meinen Lebensunterhalt verdienen, indem ich für mich arbeitete und das tat, was ich gerne tue: mit Holz arbeiten. Ich liebe Holz, gleich welcher Art. Ich mag das Material und seinen Charakter. Und ich genieße es, Dinge zu bauen, die sowohl nützlich als auch schön sind. Mir geht es nicht um Anerkennung oder um den finanziellen Erfolg. Ich arbeite gern mit meinen Händen. Es gibt mir das Gefühl der Erfüllung – etwas, was so viele suchen und so wenige finden – und dafür bin ich dankbar.

Als ich anfing, mit Holz zu arbeiten, kannte ich keinen anderen Schreiner. Bis dahin war ich Graphiker, was natürlich bedeutet, zweidimensional zu arbeiten. Ich arbeitete nicht gerne so, und irgendwann verlor das Zeichenbrett für mich seinen Reiz. Ich hatte in der Vergangenheit schon einige Möbel gebaut und stellte es mir ganz wundervoll vor, davon zu leben. Vielleicht hatte ich unbewußt schon immer Möbel bauen wollen. Damals jedoch, als ich anfing, schien alles wie zufällig zu beginnen. Meine Schwestern erzählen gerne von all den Dingen, die ich als Kind aus Holz gemacht habe. Ich habe alle möglichen Sachen geschnitzt, unter anderem auch kleine Pistolen mit Trommeln, die sich tatsächlich drehten. Einmal habe ich einen Lastwagen gebaut und habe die

Meine Eltern heirateten in der Stadt Douma im Libanon. Mein Vater war zwanzig Jahre alt, meine Mutter war achtzehn. Sie wanderten direkt danach nach Kalifornien aus. Meine Mutter machte Häkel- und Spitzenarbeiten, die mein Vater verkaufte.

beste Schere meiner Mutter genommen, um aus einer Blechdose Federn zu schneiden. Sie erinnerte sich noch jahrelang daran. Mit elf habe ich einen Schieber gebaut, mit dem man das Brot aus dem Ofen holen konnte. Irgendwann fiel jemandem auf, daß dieses Gerät nach einem für einen Elfjährigen erstaunlich raffinierten Prinzip gebaut war. Es hatte eine Nutverbindung und war so stabil konstruiert, daß meine Schwestern es heute noch benützen. Mir scheint, daß Holz auf mich schon immer eine besondere Anziehungskraft ausgeübt hat. Ich habe heute noch Narben an meiner linken Hand, die mich liebevoll an jene Abenteuer meiner Kindheit erinnern.

Ich bin in Südkalifornien in einer großen Familie aufgewachsen. Meine Eltern stammen beide aus dem Libanon, und ich bin das siebte von neun Kindern. Vater und Mutter betrieben einen Textilienladen, zuerst in Chino, dann kurze Zeit im Imperial Valley nahe Calipatria und danach wieder in Chino. Dann zogen wir nach Ontario und schließlich wieder zurück nach Chino. Chino war eine blühende Agrargemeinde mit einer großen Zuckerrübenraffinerie. Die große Wirtschaftskrise von 1929 traf meine Familie hart, wie so viele andere Familien auch. In jener Zeit starb der Mann meiner ältesten Schwester, und sie und ihre sechs Kinder zogen zu uns. Vierzehn Menschen lebten nun zusammen in einem kleinen Häuschen in der Sixth Street in Chino.

Ich werde oft gefragt, woher ich die Disziplin nehme, alleine zu arbeiten. Ich glaube, es rührt aus jener Zeit meines Lebens, als wir alle zusammen wohnten. Meine Eltern hatten ihren Haushalt gut im Griff; bei so vielen Leuten mußte das sein. Disziplin war schon immer ein Teil meines Lebens. In unserem Haus herrschten Liebe und Toleranz. Unsere Nachbarschaft war wie ein Völkerbund im kleinen, die meisten waren Amerikaner der ersten Generation, so wie meine Eltern. Meine Eltern sprachen besser Spanisch als Englisch. Die meisten unserer Freunde waren Kinder anderer Händler.

Natürlich wurde uns – auf sanfte Weise – beigebracht, daß wir zur Schule und dann weiter aufs College gehen sollten. Ich glaube, mein Vater war sehr enttäuscht, daß ich nicht aufs College ging und ein Berufsirgendetwas wurde. Es dauerte aber nicht lange, bis er seine Meinung änderte. Ich erinnere mich, daß ich ihn einmal, er war schon etwas älter, auf eine Ausstellung abstrakter Kunst im Scripps College mitnahm. Während wir herumgingen, sah er sich die Bilder an und sagte kein einziges Wort. Dann gingen wir raus und als wir ins Auto stiegen, kicherte er und sagte: „Ich bin richtig froh, daß du kein Maler geblieben bist. Die sind verrückt, diese Maler." Vielleicht war das seine Art, mir seine Anerkennung zu zeigen für das, was ich aus meinem Leben gemacht hatte. Ich weiß nicht, ob meine Eltern sich für Kunst interessierten. Doch meine Mutter war eine Handwerkerin, sie konnte sehr schön häkeln und Spitzen klöppeln.

Meine Eltern waren völlig damit beschäftigt, eine Familie zu gründen und zu ernähren. Sie haben nie Englisch lesen oder schreiben gelernt. Und obwohl sie nicht besonders gut Englisch sprechen konnten, sprachen sie frei und ohne Scheu. Sie konnten uns bei den Hausaufgaben nicht helfen, also lernten wir früh, selbständig zu arbeiten. Die meisten meiner Schwestern gingen später aufs College; mein Bruder machte seinen Abschluß, und ich besuchte eine Handelsschule und später noch ein Staatscollege.

Unser Hausarzt und seine Frau haben dafür gesorgt, daß dieses Bild aufgenommen wurde. Es ist das einzige von unserer ganzen Familie. Ich sitze in der vorderen Reihe ganz links, ich war damals zehn Jahre alt. Das Mädchen auf der Liege in der Mitte ist meine Schwester Olga, die eine Woche später starb. Hintere Reihe (von links): meine Schwestern Mary, Victoria, Rose und Sara. Mittlere Reihe: meine Mutter und mein Vater mit meinem Neffen Saba auf dem Schoß. Vordere Reihe: mein Bruder Jack, meine Schwester Eva, meine Nichten Sara und Thelma und mein Neffe Richard.

Ich hatte in der High-School zwei nette Lehrerinnen, die meine Zeichenkunst sehr förderten. Charlotte Reed, eine Lehrerin an der Chaffey High-School von 1931–32, und später Eleanor Corwin in Chino. Beide haben mir enorm geholfen. Eleanor Corwin sorgte auch für meinen ersten Job. Im Jahr 1933 bestärkte sie mich darin, an einem Plakatwettbewerb für Schüler teilzunehmen. Das Plakat sollte für ein Theaterstück werben, das von den Padua Players, einer Theatergruppe aus Claremont, aufgeführt wurde. Das Stück hieß *Oliver Twist.* Der Entwurf sollte im Siebdruckverfahren reproduzierbar sein. Ich glaube, daß die meisten Jungs damals gar nicht wußten, was ein Siebdruck ist. Zum Glück habe ich den Wettbewerb gewonnen, und das führte zu meinem ersten Job.

Ich habe immer gezeichnet. Als ich vor kurzem zu meinem 50jährigen Klassentreffen ging, war ich ganz erstaunt, wie gut sich die Leute daran erinnerten, daß ich ständig dies und jenes zeichnete.

Ich glaube, daß ein Schreiner, der seine eigenen Möbel entwerfen will, allen Kunstrichtungen gegenüber aufgeschlossen sein muß. Ich rate allen jungen Handwerkern, möglichst viel zu lesen, in Museen und Ausstellungen zu gehen und in der Natur ihre Augen aufzumachen. Diese Erfahrungen sind es, die das Zeichentalent entwickeln.

Erst als ich aus der Armee kam, wandte ich mich der Kunst zu. Ich hatte ein paar Möbel für meine Eltern gebaut, ich hatte gezeichnet, aber ich wußte nicht, um was es in der Kunst eigentlich geht. Dank dem Künstler Millard Sheets und dem Designer Harold Graham, die ich immer als meine Mentoren bezeichne, eröffnete sich mir eine völlig neue Welt. Millard erschloß mir die Welt der Kunst, indem er mit mir über Maler und Bildhauer sprach. Es gab da einen Bildhauer, Albert Stewart, der ein Schützling von Paul Manship war. Ich besuchte ihn in seinem Atelier und sah ihm beim Arbeiten zu. Oder ich unter-

Meine Abschlußprüfung an der Chino-High-School machte ich 1934 mitten in der Weltwirtschaftskrise. Ich war damals achtzehn Jahre alt.

hielt mich mit meinem Freund Phil Dike, dem Maler. Ein anderer Freund, ein Geistlicher, und ich saßen oft stundenlang zusammen und redeten, nicht über Kunstobjekte, sondern über das Leben an sich. All diese Menschen und Erfahrungen waren wichtig für mich.

Kurz bevor ich mich ganz der Schreinerei zuwandte, arbeitete ich als Zeichner für einen Architekten, mit dem niemand zurechtkam. Es zeigte sich, daß ich sehr gut mit ihm auskam, und wir wurden enge Freunde. Er erzählte mir oft von seinen Lebenserfahrungen. Er war zusammen mit Georgia O'Keeffe in die Schule gegangen, war ein guter Freund von ihr und erzählte oft über sie. Er sprach über viele, die bei ihm gearbeitet hatten, und auch über die Leute, für die er Häuser baute.

Hier also der Architekt, der über seine Häuser sprach, dort der Maler, der über seine Bilder redete, der Industriedesigner, mit dem ich mich über Design unterhielt, und der Bildhauer, der über seine Skulpturen erzählte (die Frau des Bildhauers war Weberin, also erfuhr ich auch ein bißchen übers Weben). Und all diese Menschen redeten mit mir über das Wichtigste überhaupt: das Leben.

Die Kunst des Entwerfens muß man sich selbst beibringen. Entwerfen kann man nicht lehren, es kann nur unterstützt und gefördert werden. Und da ich an keiner Schule Design studiert habe, bin ich glücklicherweise nie von Trends und Moden, die in der Designwelt gerade „in" waren, beeinflußt worden.

Da ich jenen Plakatwettbewerb gewonnen hatte, fing ich direkt nach der Schule und noch mitten in der Wirtschaftskrise an, als Werbegraphiker zu arbeiten. Herman Garner, dem das Padua Hills Theatre gehörte und der den Wettbewerb gesponsert hatte, stellte mich ein. Er fragte mich, ob ich schon jemals Fenster geputzt hätte, und ich antwortete: „Sicher, ich putze gerne Fenster." Also putzte ich die Fenster seiner Fabrik, die Autoluftfilter herstellte und deren Fenster sicherlich seit zehn Jahren nicht saubergemacht worden waren. Das machte ich drei Monate lang. Dann, schätze ich, hatte er kapiert, daß ich ein guter Arbeiter war. Also steckte er mich in die firmeneigene Graphikabteilung, in der ich sowohl für die Firma als auch für das Padua Hills Theatre zeichnete. Dort blieb ich beinahe vier Jahre lang. Ich glaube, im Schriftschreiben war ich am besten, obwohl ich mir das selbst beibrachte.

Danach habe ich für Harold Graham gearbeitet, der am Bauhaus in Berlin studiert hatte. Er war, wie schon erwähnt, Industriedesigner und saß in Claremont. Harold war einer der wenigen, vielleicht sogar der einzige Industriedesigner, den ich in jener Zeit kannte. Er gehörte zu jenem seltenen Schlag derer, die das, was sie entwerfen, auch tatsächlich bauen können. Harold kannte sich mit allen möglichen Materialien aus; er konnte mit Maschinen genauso umgehen wie mit Handwerkszeug. Das war noch während der Wirtschaftskrise, und es war ein Glück für mich, bei ihm arbeiten und von ihm lernen zu können. Harold gestaltete die Schaufenster und die Innenauslagen für Bullock's Warenhaus in Los Angeles. Wenn wir, zum Beispiel, die große Weihnachtsausstellung vorbereiteten, dann machten wir die Elfen, die Rentiere, die Nikoläuse: all diese kleinen Figuren, die sich bewegten. Auch zu Ostern gestalteten wir solche „lebenden" Schaufenster. Das war lange bevor die Feiertage kommerziell ausgeschlachtet wurden, und es war eine sehr gute Erfahrung für mich.

Als ich bei Harold anfing, wurde ich nicht lange ausgebildet, sondern begann direkt mit einem Projekt. Wir arbeiteten nie nach Zeichnungen. Harold sagte einfach: „Laß uns das so machen", und machte sich eine grobe Skizze. Unglücklicherweise – oder glücklicherweise – wußten wir nie genau, wie das Ergebnis schließlich aussehen würde. Ich lernte sehr viel von Harold Graham. Sein Entwurfsstil war vom Art Deco und vom Bauhaus beeinflußt. Es war sehr interessant, aber es veränderte nicht meine Einstellung zur Arbeit.

Nach meiner Tätigkeit bei Harold ging ich zur Armee. Ich war einfacher Soldat in einer Einheit, in der einige schon seit 25 Jahren dienten und immer noch einfache Soldaten waren. Ich war einer von sechzehn Eingezogenen, die in diese Gruppe kamen. Unser Maskottchen war ein Ozelot. Abends gab es nichts zu tun, also fing ich an, Cartoons zu zeichnen. Ich machte jede Menge kleiner Zeichnungen von diesem Ozelot. Zum Beispiel, wie er ein Flakgeschütz bedient und Munition schleppt. Ein junger Bursche, der zufällig im Bataillonsbüro arbeitete, sah die Karikaturen und fragte, ob die von mir wären.

Einen Teil meines Militärdienstes verbrachte ich auf den Aleuten, auf Kiska. Das war im Jahr 1943.

„Der Oberst möchte eine kleine Zeichnung von dem Maskottchen haben", sagte er. „Darf ich ihm deine mal zeigen?" Natürlich sagte ich „ja". Am nächsten Morgen, als wir antraten, rief der alte Feldwebel meinen Namen auf, befahl mir vorzutreten und mich im Hauptquartier zu melden. „O je", dachte ich, „was hab ich bloß gemacht?" Als ich mich bei ihm meldete, fragte der Oberst: „Haben Sie diese Sachen hier gezeichnet?" Ziemlich nervös antwortete ich: ja, die seien von mir. „Haben Sie schon mal technische Zeichnungen angefertigt?" fragte er, und ich sagte ja. „Hier", sagte er, „zeichnen Sie das fertig", und er gab mir eine Skizze von einer Geschützstellung.

Die Skizze, die er mir gab, war fürchterlich stümperhaft, also setzte ich mich hin und machte eine gute Zeichnung von der Geschützstellung. Von da an war ich diesem Büro zugeteilt. Bald wurde ich zum Stabsfeldwebel befördert. Zu jener Zeit war ich der jüngste Stabsfeldwebel der Armee. Ich war in Südkalifornien, auf den Aleuten und später auch in Alaska stationiert.

Der Militärdienst war für mich ein beeindruckendes Erlebnis. Und er löste mich von meiner Mutter. Sie war wunderbar, aber sie war überfürsorglich und wollte nicht, daß ihre Kinder aus dem Haus gingen. Wahrscheinlich war es das beste, was mir passieren konnte.

Als ich 1945 entlassen wurde, ging ich nach Los Angeles, um dort als Graphiker für eine Abziehbildfirma namens Angelus Pacific zu arbeiten, die von einigen meiner Kriegszeichnungen Abzüge gemacht hatte. In der Zeit, in der ich dort war, lebte ich in einem kleinen, möblierten Apartment. Die Möbel dort sahen furchtbar aus. So belegte ich einen Abendkurs, um mir mit deren Maschinen Möbel zu bauen, die die Wohnung erträglicher machten. Eine befreundete Malerin, die an der Chouinard-Kunstschule in Los Angeles unterrichtete, sah diese Möbel und meinte zu meinem Erstaunen, daß sie glaube, die Leute würden meine Möbel mögen und kaufen.

Einige Zeit danach wandte sich Millard Sheets an mich. Ich war ihm bei Harold Graham vor dem Krieg begegnet. Er fragte mich, ob ich für ihn einen Siebdruck herstellen könnte. Dieser Siebdruck gefiel ihm so, daß er mich als Assistent haben wollte. Millard war der Direktor der Kunstabteilungen des

Diese Möbel baute ich 1948 für unser erstes Zuhause. Nußbaum oder ein anderes Massivholz konnte ich mir nicht leisten. Ich besorgte statt dessen Sperrholzplatten, die ich sandstrahlen ließ. Und das kam dabei heraus.

Scripps und des Claremont College. Ich hatte Millard immer sehr geschätzt, und die Arbeitsmöglichkeit war verlockend. Außerdem käme ich aus Los Angeles raus und meinem Zuhause etwas näher.

Ich hatte zwar ein wenig Erfahrung in den verschiedenen Kunstmedien, aber keine richtige Ausbildung. In den Jahren, in denen ich für Millard Sheets arbeitete, lernte ich die Bildhauerei, die Malerei, die Wandmalerei, die Mosaiken, die Keramik und verschiedene andere Handwerke kennen. Das Wichtigste von all dem aber war die Lebenserfahrung, die ich dabei sammelte. In dieser Zeit lernte ich auch meine Frau Alfreda kennen. Vor dem Krieg unterrichtete sie Kunst in Santo Domingo Pueblo in New Mexico. Dann wurde sie als Direktorin für Kunst und Handwerk an die Indianerschule nach Santa Fe berufen. Dort arbeitete sie mehrere Jahre und wurde dann gebeten, nach Montana und Wyoming zu gehen, um dort in den Reservaten Kunst- und Handwerkskooperativen zu organisieren. Als der Krieg ausbrach, meldete sie sich bei der Marine und arbeitete als Therapeutin im St. Albans Naval Hospital in New York. Nach ihrer Entlassung erwarb sie an der Claremont Graduate School ihren Magister der schönen Künste. Dort trafen wir uns im Jahre 1947. Wir heirateten sofort, einfach so. Sie war vom Indian Service beurlaubt worden, und anstatt zurückzugehen, heiratete sie mich. Das war, als ich anfing, vollberuflich Möbel zu bauen.

Freda ist mir in all diesen Jahren treu zur Seite gestanden. Wir haben 35 Jahre lang zusammen gelebt und gearbeitet. Meine Frau und ich stehen uns sehr nahe, und ich weiß, daß ich ohne sie nicht fähig gewesen wäre, diese ersten harten Jahre als vollberuflicher Schreiner durchzuhalten. Sie war – und ist – sehr verständnisvoll und hat mich in dem, was ich tun wollte, immer unterstützt.

Oft kommen junge Paare in meine Werkstatt, um sich Rat für einen Anfang als Schreiner zu holen. Meistens frage ich sie, ob ihre Partner sich für das, was sie machen wollen, genauso interessieren. Und manchmal kommt dann ein Zögern. Wenn ich das spüre, dann erzähle ich ihnen, daß beide Partner gleichermaßen engagiert sein müssen, weil – offen gesagt – das, was ein Schreiner verdient, erst einmal Verzicht bedeutet. Die Schreinerei zahlt sich, finanziell gesehen, anfangs nicht aus. Es ist ein langer Weg. Doch durch die handwerkliche Arbeit entsteht oft eine sehr elementare, tiefe, emotionale Zufriedenheit und auch eine spirituelle Befriedigung.

Als Freda und ich heirateten, hatten wir keine eigenen Möbel. Wir begnügten uns mit Zitronenkisten, die Freda ein wenig bearbeitete, so daß sie ganz nett aussahen. Damals entwarf und baute ich schon Möbel, aber ich mußte alles verkaufen, was ich herstellte. Dann schenkte uns ein Freund, ein Bauunternehmer, ein paar Sperrholzplatten, die für Zementformen verwendet worden waren. Um sie zu reinigen, ließ ich sie von einem Grabsteinhauer sandstrahlen. Ich denke, ich war sein einziger lebender Kunde. Zusammen haben wir die ersten sandgestrahlten Sperrholzmöbel hergestellt. (Wenig später begann U. S. Plywood die Produktion von Wandverkleidungsplatten mit der gleichen Oberfläche.) Aus diesem sandgestrahlten Sperrholz habe ich all unsere Wohn- und Eßzimmermöbel gebaut. Millard Sheets Schwager Harry Baskerville, ein Fotograf, erhielt von der Zeitschrift *Better Homes and Gardens* den Auftrag, das Innere eines Hauses in einer Wohnsiedlung zu fotografieren. Mary, Millards Frau, erzählte

Harry von unserem Haus. Er fotografierte es, und die Zeitschrift brachte es ganz groß heraus. Man fragte mich, ob ich von den Möbeln Werkzeichnungen machen könnte. Sie könnten dann Abzüge davon machen und die Pläne verkaufen. (Ich finde diese Konstruktionspläne manchmal noch heute in Zeitschriften angeboten.) Mir war nicht klar, daß ich dafür bezahlt würde, und erhielt auf einmal einen Scheck über 150 Dollar. Das erschien mir damals so viel wie 150 000 Dollar. Das war zu einer Zeit, als es bei uns finanziell recht düster aussah. Auf Grund dieses Artikels und des Interesses, das meinen Möbeln entgegengebracht wurde, gab ich meinen Job bei Millard auf und stürzte mich ganz ins Möbelbauen. Ich habe mich oft gefragt, ob ich es wieder tun würde, und ich glaube: ja, ich würde es wieder ganz genauso machen. Freda unterstützte meine Entscheidung. Sie war bereit, mit praktisch nichts auszukommen. Und wir hatten auch nichts außer Zuversicht und unsere feste Überzeugung, genau das machen zu wollen. Ungefähr neunzehn Jahre später hatte ich ein Gespräch mit meinem Sohn Slimen, das ich nicht vergessen werde. Er sagte: „Dad, ich möchte gern mit dir reden, aber bitte reg dich nicht gleich auf und laß mich ausreden." „Okay", sagte ich, „schieß los!" Aber ich war bereits genervt. Er sagte: „Ich werde nächstes Jahr nicht aufs College zurückgehen. Ich möchte gerne hier mit dir arbeiten und Schreiner werden." Einen Augenblick lang standen mir die Haare zu Berge. Meine erste Reaktion war: Da verläßt er das College, ausgerechnet um Schreiner zu werden, ausgerechnet Schreiner! Dann aber beruhigte ich mich, als mir klar wurde: „Du meine Güte! Es ist doch eigentlich völlig in Ordnung, Schreiner werden zu wollen." Ich muß immer an die Stelle in Kahlil Gibrans Buch *„Der Prophet"* denken, wo es um Eltern und Kinder geht: Eltern wollen sich an ihre Kinder klammern. Wir wollen sie besitzen, während wir in Wirklichkeit die Bögen sind und unsere Kinder die Pfeile. Sie kommen durch uns auf die Welt, aber sie gehören uns nicht. Wir schicken sie wie Pfeile los, damit sie dann ihren eigenen Weg finden können. Freda und ich hatten eine Vorstellung davon, was unser Sohn einmal werden sollte, und wir hatten nicht daran gedacht, daß er selbst vielleicht etwas anderes für sich wollte.

Freda mit Monica Silva und ihrer Tochter im Santo Domingo Pueblo, New Mexico (1936). Freda wurde später Direktorin für Kunst und Handwerk an der Indianerschule in Santa Fe.

Dann sagte Slimen: „Also, werd nicht böse, Dad, aber du bist der erste Hippie, den ich je kennengelernt habe." Ich mußte lachen: „Was meinst du damit, den ersten Hippie, den du kennst?" Er antwortete: „Na, du warst 35 Jahre alt und hast einen guten Job hingeschmissen, nur um zu tun, was du willst. Gut, und das will ich auch. Ich will Schreiner werden." Also stimmte ich zu. Was mein Sohn mir gesagt hatte, hinterließ einen tiefen Eindruck bei mir. Sein Geschenk an mich bestand nicht aus seiner Entscheidung, den gleichen Weg wie ich zu gehen. Er war mir vielmehr wie ein Spiegel, der mir meine eigene Entscheidung noch einmal vorführte und auch zeigte, daß sie richtig gewesen war.

Die folgenden Jahre waren zum Teil eine recht schwierige Zeit für uns. Ich bin durch tiefe Täler gegangen und manchmal auf Hügel und hohe Berge geklettert. Und ich hoffe, daß ich niemals den Gipfel des Berges erreichen werde, denn dann muß ich wieder herunterkommen. Jeden Tag lerne ich etwas Neues dazu.

Hätte ich materielle Sicherheit gewollt, wäre ich nicht Schreiner geworden. Doch es gibt so viele Dinge im Leben, die mir wichtiger sind als materielle Sicherheit. Die geistige Befriedigung, die mir meine Arbeit gebracht hat, zusam-

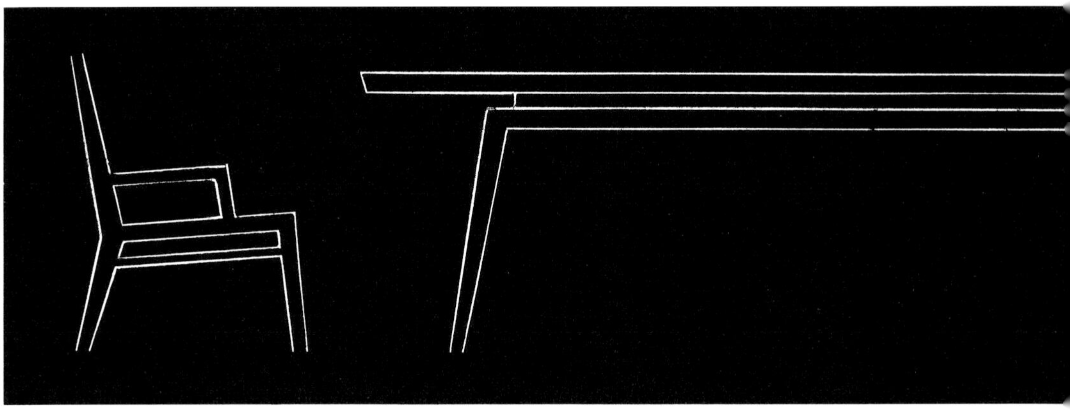

men mit der Zufriedenheit derer, für die ich die Arbeit getan habe, überwiegt jeden anderen möglichen Gewinn, den ich erzielen könnte. Es gibt ein gegenseitiges Einvernehmen zwischen dem Hersteller eines Gegenstandes und dem Benützer, genauso wie es eine enge Verbindung zwischen dem Handwerker und dem von ihm verwendeten Material gibt. Ich glaube, ein Handwerker muß sein Material achten. Und es wird zu einer dreifachen Beziehung, wenn es die Person, die das Stück bestellt hat, mit einschließt. Es ist wichtig, daß der Handwerker dies als ein ganz wesentliches Ziel ansieht. Ich finde, daß ein handgefertigtes Stück nicht nur ästhetisch ansprechend, sondern auch funktional sein sollte. Allzuoft sieht ein Stuhl vielleicht schön aus, aber man sitzt schlecht darauf. Ich möchte, daß meine Stühle zum Sitzen einladen. Das ist seit meinem ersten Auftrag mein erklärtes Ziel.

Zu diesem ersten größeren Auftrag: Ein Innenarchitekt wollte für einen Kunden einen Eßtisch, zehn Stühle und eine Anrichte. Er bat mich, das Holz in einem trüben Graubraun zu beizen. „Sind Sie sicher, daß Ihre Kunden diese Farbe wollen?" fragte ich ihn. „Das ist egal. Die nehmen, was ich ihnen empfehle", antwortete er.

Muß ich dazu sagen, daß den Kunden ihre neuen Möbel gefielen – außer der Farbe? Nachdem ich die Möbel ausgeliefert und aufgestellt hatte, mußte ich sie alle zurück in meine Werkstatt schleppen und die häßliche Beize wieder entfernen. Dieses und eine Reihe weiterer Mißgeschicke führten dazu, daß ich meine Schreinerlaufbahn gleich am Anfang beinahe wieder aufgeben wollte.

Mein nächster Auftrag kam von dem Industriedesigner Henry Dreyfuss. Was für ein Unterschied zum ersten! Ich war noch in der High-School, als ich zum erstenmal von Dreyfuss hörte, und er wurde ein Idol für mich. Ich hatte über ihn gelesen und dachte damals: „O Mann, ich möchte auch Industriedesigner werden." Nach der Katastrophe mit dem ersten Auftrag war ich ziemlich deprimiert. Da erhielt ich einen Anruf von einem Mann, der sagte: „Mein Name ist Dreyfuss. Sie wissen nicht, wer ich bin, aber ich weiß, wer Sie sind." Mir fiel fast der Hörer aus der Hand. Ich war völlig sprachlos. Er sagte: „Ich habe Ihre Möbel gesehen, sie gefallen mir gut. Ich baue gerade ein neues Haus und hätte gerne, daß Sie für mich die Möbel machen. Könnten wir uns treffen?" Er lud mich zum Mittagessen ein. Einige seiner Mitarbeiter waren auch dabei: der Architekt und noch ein paar Leute. Nach dem Mittagessen bat er mich, noch

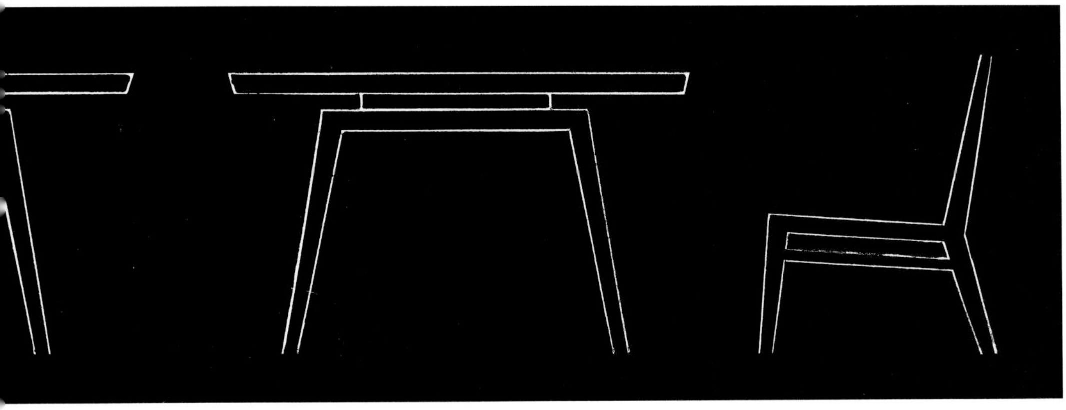

Die Angebotszeichnung meines ersten Möbelauftrags.

dazubleiben, um mit ihm über die Möbel zu reden. Im Lauf des Gesprächs sagte ich: „Sie wollen sie entwerfen, und ich soll sie bauen." „Nein, überhaupt nicht", erwiderte er, „Sie sind der Designer und der Ausführende. Deswegen habe ich Sie angerufen. Ich möchte, daß Sie sie entwerfen, und ich möchte, daß Sie sie mir auch bauen."

Was für ein Aufschwung!

Ich machte mich an die Entwürfe. Er brauchte einen Couchtisch, kleine Beistelltische für das Wohnzimmer, einen Eßtisch und ein paar Eßzimmerstühle. Ich habe dann auch noch ein paar Schlafzimmermöbel und ein Stück für jedes Kinderzimmer entworfen.

Ihm gefiel alles, was ich ihm vorlegte, und ich fing an zu bauen. Für alle Möbel zusammen habe ich 1200 Dollar erhalten. Das zeigt, wie lange das alles her ist. Für einen großen Eßzimmertisch, an dem zwölf Leute sitzen konnten, habe ich 225 Dollar bekommen. Ich kannte mich mit Preisen überhaupt nicht aus. Ich dachte, das sei sehr viel.

Als ich ihm sagte, was es kosten würde, rief seine Frau Doris: „Mein Gott, das ist aber schrecklich viel Geld, oder?" Henry drehte sich zu ihr um und sagte: „Aber Liebes, wir haben seit dreißig Jahren keine Möbel mehr gekauft."

Das war der Anfang einer sehr langen Freundschaft. Viele Jahre später, als Henry und Doris gestorben waren, wurde ihr Haus zum Verkauf angeboten. Der Käufer willigte in den endgültigen Kauf des Hauses erst ein, als die Erben ihm erlaubten, auch die Möbel zu erwerben.

Nachdem ich für Dreyfuss die Möbel entworfen hatte, bekam ich ungefähr fünf Jahre lang Aufträge über Kneedler-Fouchere, einem Innenarchitekturbüro. Und schließlich kamen genug Aufträge direkt von Privatpersonen, und ich mußte nicht länger über Innenarchitekten vermittelt arbeiten.

Im Jahre 1955 engagierte das Außenministerium der Vereinigten Staaten einige bekannte Industriedesigner, um einen Bericht über das regionale Handwerk in der ganzen Welt zu erstellen. Nach dem Gutachten, dessen Erarbeitung zwei Jahre dauerte, stellte das Außenministerium in Zusammenarbeit mit den Regierungen einiger Länder einen Plan auf. Es ging darum, das Handwerk, ob traditionsgebunden oder fortschrittlich, zu stärken und zu unterstützen, um jenen Ländern neue Einkommensquellen zu erschließen. Und wieder stützte sich das

Dieses Foto entstand, als ich noch sehr jung war.

Außenministerium auf private Industriedesignfirmen, die in den verschiedenen Ländern arbeiten sollten. An die Chicagoer Firma von Dave Chapman Inc. wurde der Auftrag vergeben, im Iran und im Libanon mit Holz und Textilien zu arbeiten. Dave Chapman bat mich, ihr Berater in Sachen Entwurf und Technik zu werden. Man plante, mit einheimischen Handwerkern zu arbeiten: Ihnen beim Gestalten und Entwerfen zu helfen, jedoch die Eigenart ihrer einheimischen Arbeit zu bewahren.

Doch das war eher utopisch, da es im Iran fast kein Holz gab. Es gab nur eine Art Sykomore oder Platane, deren Holz man nutzen konnte, aber es war nicht richtig getrocknet und wurde fast grün verwendet. Das „Trocknen" dieses Holzes ging so vor sich: Die Bretter standen ein oder zwei Tage lang in der prallen Sonne, an ein Gebäude gelehnt, wurden dann umgedreht und die Unterseite der Sonne ausgesetzt. Natürlich hatte diese Methode nur wenig Erfolg. Es mußten also auch noch andere Materialien zur Verarbeitung gefunden werden. Sperrholz wurde in Teheran hergestellt; Kunststoffolie und Metallrohre wurden aus Deutschland importiert. Ich entschloß mich, diese Materialien zu verwenden, und machte mich an die Entwürfe von insgesamt 52 Möbelstücken. Ich fertigte von jedem Stück eine Zeichnung im Maßstab 1:1, die die Vorder-, Seiten- und Hinteransicht von Tischen, Stühlen und Vorratsschränken zeigte. In der Zwischenzeit suchte ich nach geeigneten Werkstätten. Ich fand eine am Stadtrand von Teheran. Von meinen Zeichnungen wurden Kopien gemacht und an alle verteilt, die sie verwenden wollten. Mehrere kleine Werkstätten machten von diesem Angebot Gebrauch.

Die Möbel, die in Teheran entstanden, bestanden hauptsächlich aus Vierkant-, Rohr- und Winkeleisen. Tischbeine und Stuhlrahmen entstanden aus Vierkantrohren. Die Schränke hatten metallene Untergestelle, Beine und Rahmen. Für die Seiten, Türen und Schäfte wurde Sperrholz verwendet. (Das Sperrholz wurde in einer kleinen Werkstatt hergestellt, die von vier Anhängern des Bahai-Glaubens geleitet wurde. Sie gehörten zu den freundlichsten und feinfühligsten Menschen, denen ich auf meinen Reisen begegnet bin.) Die Kunststoffolie diente dazu, die Sperrholzoberfläche mit einem Belag zu versehen, bevor zugeschnitten wurde. Kunststoffbeschichtetes Sperrholz wurde auch für alle Tischplatten verwendet. Die Bezugsstoffe für die Polsterung wurden unter der Aufsicht von Roy Ginstrom handgewebt. (Er war der Projektleiter im Iran und im Libanon, und wir wurden gute Freunde.) Wir fanden eine ortsansässige Polsterwerkstatt, die alle Stühle, die wir bauten, polsterte und bezog. Es war für mich schwierig, zu erklären, wie ich die Polsterung haben wollte, doch nach einigen Mißerfolgen und viel Gelächter ging alles gut.

Die Werkstatt, in der ich schließlich unterkam, verarbeitete Metall, aber kein Holz. Es war Winter. Ich wußte nicht, daß es im Iran überhaupt so kalt werden kann. Die kleine Werkstatt war nur einfach ausgestattet; sie hatte ein Blechdach, aber keine Wände, und bot keinerlei Schutz vor dem Wind. Die Gehilfen, die die Handarbeit verrichteten, waren noch sehr jung, unterernährt und sehr arm. Sie trugen viele alte Kleidungsstücke in Schichten übereinander, um warm zu bleiben. Und sie wickelten ihre Füße in Jutesäcke. Ihre Fröhlichkeit, ihr Humor und ihre Freigebigkeit aber waren grenzenlos.

Wir arbeiteten direkt von den originalgroßen Zeichnungen. Das heißt, ich legte die Zeichnung auf den Boden, suchte das Rohr aus, legte es auf die Zeichnung und kennzeichnete, wo es abgesägt werden mußte. Wenn es abgesägt war, bog ich es, hielt zwei Stücke aneinander, und die Jungen schweißten die Teile ohne jeglichen Augenschutz zusammen. Daß keiner dabei zu Schaden kam, wundert mich noch heute. Während meines dreimonatigen Aufenthalts fertigten wir die Eßtische, Stühle und Schränke für ein Restaurant, alles zusammen ungefähr sechzig Stücke. Wir waren leider nicht lange genug in Teheran, um wirklich zu helfen. Der Besitzer der kleinen Metallwerkstatt aber war so begeistert, daß er diese Art Möbel weiterbauen wollte. Ich habe mich oft gefragt, ob er es auch tat. Als nächstes flog ich in den Libanon. Auf meinem Weg in den Iran hatte ich in Beirut kurz Halt gemacht, um mich zu orientieren und um einige Vorbereitungen für meinen Aufenthalt zu treffen. Bei dieser Gelegenheit hatte ich auch eine Tante und einen Onkel besucht, die hoch oben in den Bergen lebten. Ich war der erste meiner Familie, der aus Amerika in die alte Heimat zurückkam. Ich wurde wie ein verlorener Sohn empfangen.

Douma im Libanon, der Geburtsort meiner Eltern, ist ein schönes Dorf mit terrassenförmig angelegten Apfelplantagen, Olivenhainen und Gärten. Ich war der erste meiner Familie, der Douma besuchte.

Als mich die Chapman-Gesellschaft einstellte, wußten sie nicht, daß ich einigermaßen Arabisch sprechen konnte. Also bekam ich einen Dolmetscher. Wir sahen uns in Beirut viele Holzwerkstätten an, um eine zu finden, die für unsere Zwecke geeignet war. Überall nannte man mich einfach nur „der Amerikaner". In einigen Werkstätten erzählte der Dolmetscher, daß ich vom amerikanischen Außenministerium sei, daß wir mit ihnen arbeiten würden und ihnen Möbelaufträge in Höhe von Tausenden von Dollars geben würden. Die ersten paar Male hörte ich geduldig zu, bis ich es nicht länger aushielt.

Ich sagte zu dem Dolmetscher: „Ich glaube nicht, daß Sie das übersetzen, worum ich Sie gebeten habe." „Doch, doch, das tue ich", sagte er. Da habe ich ihm auf arabisch geantwortet. Sein erstauntes Gesicht sehe ich noch heute immer noch vor mir.

Schließlich entschied ich mich für die Werkstatt eines jungen Mannes, den ich in Beirut auf dem Weg nach Teheran getroffen hatte. Es war eine moderne, dreistöckige Fabrik, die modernste Möbelfabrik im Libanon mit einem sehr gut ausgestatteten Maschinenpark. Die Besitzer hatten zwei europäische Techniker eingestellt, die den Arbeitern die Bedienung der Maschinen zeigen sollten. Die Fabrik besaß Trockenkammern, Einrichtungen zur Sperrholzproduktion, eine Polsterabteilung und eine Oberflächenabteilung.

Die Möbel, die sie herstellten, waren für mich sehr interessant. Zu jener Zeit ging man im Nahen Osten nicht einfach in einen Laden und kaufte fertige Möbel, sondern man ging zu einer Möbelwerkstatt, zeigte den Werkstattleuten eine Abbildung in einer Zeitschrift – meistens einer italienischen Zeitschrift –, und die Werkstatt baute, was der Kunde verlangte. Die Verarbeitungsqualität war in vielen Werkstätten, die ich dort kennenlernte, sehr gut. Doch meistens fand ich die Proportionen der Möbel nicht schön. Die Stühle waren zu niedrig, zu schmal, zu breit oder zu hoch. In der Fabrik jedoch, in der ich arbeitete, schienen sie sehr gut zu wissen, was sie taten.

Wie im Iran, zeichnete ich auch hier die Möbel in Originalgröße – 35 Zeichnungen. Es wurden jedoch nur sechs Prototypen hergestellt. Einige der Proto-

Freda in einem der Zentren, in denen sie während unserer drei Monate in El Salvador arbeitete. Es war sehr schön, mit den Menschen dort zusammenzuarbeiten.

typen wurden in Nußbaum ausgeführt. (Alle in dieser Werkstatt verwendeten Holzarten wurden aus Europa importiert.) Diese Holzmöbel wurden bis zum Beginn des libanesischen Bürgerkrieges produziert. Dann wurde die Fabrik leider zerstört.

Einige Werkstätten, die ich im Libanon sah, faszinierten mich sehr. Die Möbelentwürfe mit ihren geschwungenen Schichtverleimungen schienen direkt aus *Tausendundeiner Nacht* zu stammen. Ich erinnere mich an ein Bett, das wie ein riesiger Pfau geformt war; der Schwanz bildete das Kopfteil. Es wurde für ein Mitglied der saudischen Königsfamilie gebaut.

Die Betriebsstruktur einiger Werkstätten erinnerte an ein älteres, einst in Europa übliches System. Es war sehr archaisch, aber es schien gut zu funktionieren. Dem Eigentümer einer Werkstatt gehörte alles, außer den persönlichen Werkzeugen der Arbeiter. Jeder Handwerker arbeitete unabhängig, und jeder bewarb sich um die Aufträge, die der Besitzer verteilte. Die einzigen Ausgaben des Handwerkers bestanden aus den Materialkosten und einer Gebühr, die er für die Benutzung der Werkstatt zu entrichten hatte.

Das erinnert mich an eine lustige Geschichte, die ich im Libanon erlebte: Ich aß mit einem jüngeren Vetter zu Mittag. Nach einigem Zögern verriet er mir, daß meine Verwandten, die ich oft in dem Bergdorf meines Vaters besucht hatte, eine eigenartige Meinung von mir hatten. Sie hatten diesen jungen Vetter gefragt, was denn eigentlich mein Beruf in Amerika sei. Mein Vetter wußte nicht recht, wie er ihnen erklären sollte, daß ich Möbel entwarf und baute, also sagte er ihnen, daß ich Schreiner sei. „Ach", riefen sie aus, „wie traurig, daß der Sohn unseres Onkels in Amerika nichts geworden ist und nun mit seinen Händen arbeiten muß!"

1963 rief mich das Büro von Chapman erneut an und fragte, ob ich Lust hätte, nach El Salvador zu gehen, um dort, wie im Iran und im Libanon, zu helfen, das einheimische Holz- und Möbelhandwerk zu fördern. Ich sagte zu und reiste mit einem Weber, einem Keramiker, einem Siebdrucker, einer Korbflechterin und einer Puppenmacherin dorthin. Roy Ginstrom war der Weber und der Projektleiter. Bob Turner war der Keramiker. Henry Glick war der Siebdrucker. Und meine Frau Freda war die Korb- und Puppenmacherin.

Diese drei Monate in El Salvador waren die fruchtbarsten, die ich jemals verbracht habe. Ich arbeitete in drei kleinen, ganz unterschiedlich ausgestatteten Werkstätten. Eine war sehr einfach, die andere besser und die dritte sehr modern ausgerüstet. Für alle drei habe ich Möbel entworfen, in der Hoffnung, daß sie mit der jeweils vorhandenen Ausrüstung produziert werden können. Ich habe auch ein paar Stücke entworfen, die die Dorfschreiner mit ganz einfachen Werkzeugen bauen konnten. Das hat sich als sehr erfolgreich erwiesen. In El Salvador gibt es reichlich Holz, zu jener Zeit aber war es nicht abgelagert genug. Wir mußten Holz mit einem hohen Feuchtigkeitsgehalt verwenden. Solange die Möbel in der Gegend blieben, in der sie hergestellt worden waren, war alles in Ordnung. Ich bin jedoch sicher, sie hätten sich verzogen und wären gerissen, wenn man sie in trockenere Gebiete verschifft hätte. Denn das passierte mit einigen Möbeln, die dem Konsul von El Salvador in New York geschickt wurden.

Die Salvadorianer, mit denen ich zusammenarbeitete, waren gute Handwerker. Die etwas primitivere Werkstatt hatte nur ein paar Maschinen, also wurde fast alles mit der Hand gemacht. Die Werkstatt befand sich im Freien; wenn es regnete, mußte also alles unter ein Dach geräumt werden. Ich entwarf einen Büroschreibtisch, zwei Armlehnstühle, einen Drehstuhl und einen Vorratsschrank. Diese Stücke entstanden aus *Genisaro-Holz,* einer Mahagoniart. Ich habe Bretter von diesem Holz gesehen, die 1,20 m breit waren. Es war ein verblüffender Kontrast, die fertigen Stücke erst in dieser einfachen Werkstatt und dann in einem Chefbüro zu sehen.

Zwei der vielen Möbel, die ich in El Salvador entworfen habe. Die Männer und Jungen, mit denen ich dort zusammen arbeitete, waren handwerklich sehr geschickt.

In El Salvador ging alles reibungsloser als im Iran, weil ich Spanisch sprach und mich leichter verständigen konnte. Ich ging dorthin, um meine Ideen und Entwürfe mit anderen zu teilen, aber vielleicht habe ich sogar mehr bekommen, als ich gegeben habe. Ich lernte Einfachheit kennen, sowohl in der Schreinerei als auch im Leben der Leute. Zum Beispiel waren einmal Stühle, die ich entworfen hatte, fertig zum Zusammenbauen, doch es gab keine Zwingen. Wie konnte man die Stuhlbeine am Sitzgestell befestigen, bis der Leim trocken war? Ich sprach mit dem Werkstattbesitzer darüber. Er lächelte wissend und deutete sich an den Kopf. Er nahm ein Seil und wickelte es fest um die Beine, die gerade mit den Zargen verleimt worden waren, und verdrehte dann das Seil mit einem Stock wie bei einer Aderpresse. Die Beine waren fest. Ich war über diese Lösung so begeistert, daß alle lachen mußten. Ein andermal mußten wir eine Tischplatte zusammensetzen. Sie war fertig zum Verdübeln und Verleimen, als das gleiche Problem auftrat: keine Zwingen da. Weil der Besitzer das Stuhlproblem so gut gelöst hatte, nahm ich an, er würde auch jetzt eine Lösung kennen. Wir nahmen zwei Böcke, stellten einen an jedes Ende der Tischplatte und nagelten eine Latte quer über ein Ende der Böcke. Die Tischplatte wurde dann gedübelt und verleimt und auf die Böcke gelegt und fest an die Latte geschoben. Dann wurde eine zweite Latte auf die Böcke genagelt mit einem kleinen Zwischenraum zwischen der Platte und der Latte. In diesen Spalt wurden jetzt Keile geklopft, um die verleimte Tischplatte dicht zu bekommen.

Amerikanische Handwerker glauben oft, ohne all diese Werkzeuge und technischen Hilfsmitteln, die es heute zu kaufen gibt, könne man überhaupt nichts zustande bringen. Oder sie neigen zu dem anderen Extrem und entscheiden sich für antikes Handwerkszeug. Wenn man jedoch seine Aufmerksamkeit vor allem auf Werkzeuge und Techniken richtet, übersieht oder vergißt man oft die einfachen Lösungen. Es geht nicht um Nostalgie oder Romantik: Die vernünftigste Lösung ist immer die einfachste.

Die besser ausgestattete Werkstatt lag in einem Dorf außerhalb der Hauptstadt San Salvador. Dort habe ich zwei Stühle entworfen. Die Werkstatt war recht groß und hatte viele Angestellte. Mir wurden ein junger Handwerker und sein Gehilfe zugeteilt. Doch aus irgendeinem Grund ging die Arbeit daran immer nur dann weiter, wenn ich da war. Die Stücke sind fertig geworden, aber ich glaube nicht, daß mit den Entwürfen nach meiner Abreise noch irgend etwas geschah.

Die dritte Stelle, an der ich arbeitete, die moderne Werkstatt, besaß die neuesten Holzbearbeitungsmaschinen. Der Besitzer war sehr kooperativ und hilfsbereit. Ich bekam einen sehr guten Handwerker zugeteilt. Er baute nach meinen

Entwürfen einen Eßtisch, sechs Stühle und eine Anrichte aus einheimischem Lorbeer (nicht der uns bekannte Lorbeer). Ungefähr drei Monate, nachdem ich aus El Salvador zurückgekehrt war, stand dieser Handwerker vor meiner Tür. Er wollte mit mir arbeiten, aber zu jener Zeit konnte ich es mir wirklich nicht leisten, ihn einzustellen. Er blieb einen Monat lang bei uns, bis ich ihm einen Job in einer Schreinerei eines Freundes in Los Angeles besorgt hatte. Ich glaube, er ging schließlich nach El Salvador zurück.

Einige Jahre später traf ich an der Ostküste einen jungen Schreiner, der auf mich mit den Worten zukam: „Ich soll Sie von Fabrica Capri grüßen." (Das war der Name der modernen Werkstatt, in der ich gearbeitet hatte) Ich fragte ihn, woher er wisse, daß ich dort gewesen sei, und er antwortete, daß er bei den Möbeln, die sie bauen, meine Entwürfe wiedererkannt habe. Das ist der einzige Beweis, den ich habe, daß dort immer noch Möbel nach meinen Entwürfen gebaut werden.

Meine Erfahrungen in drei Ländern waren in jeglicher Hinsicht positiv für mich. Eine Sache allerdings nagte die ganzen Jahre über an mir, und das ist die Tatsache, daß trotz all der guten Absichten und all dem Idealismus, der in diesem Projekt des Außenministeriums steckte, es, soweit ich weiß, niemals irgendeine Fortsetzung gegeben hat. Nachdem unser Vertrag ausgelaufen war, bemühte sich keine der beteiligten Regierungen, auch nicht die amerikanische, darum, den Vertrieb im In- und Ausland und die Weiterführung der Produktion zu unterstützen und ähnliche Versuche zu fördern. Obwohl sich das Außenministerium anschließend wegen ähnlicher Reisen nach Nigeria und Sri Lanka wieder an mich wandte, war meine Antwort jedesmal ein Nein. Ich fand, daß ohne ein angemessenes Folgeprogramm alle Anstrengungen umsonst sein würden. Um so mehr, da meine eigene Arbeit zu Hause dabei jedesmal vernachlässigt wurde. Während der sechs Monate, die ich im Iran und im Libanon war, waren die Kunden, von denen ich einen Auftrag hatte, so freundlich, auf meine Rückkehr zu warten. Ich habe es sehr genossen, mit Menschen in anderen Ländern zusammenzuarbeiten, aber in meiner eigenen Werkstatt arbeiten zu können, genieße ich immer noch am meisten.

Ich glaube, es ist wahr, daß man wächst, wenn man mit anderen teilt. Und so habe ich seit dieser Zeit versucht, durch Workshops, Vorträge und eine für jeden Besucher offene Werkstatt mein Wissen und meine Erfahrung auch an andere weiterzugeben.

2

Weitergeben

Die Gemeinschaft der Handwerker ist groß. Vollkommen Unbekannte werden zu Freunden, weil sie die gleiche Sache lieben. Die Sprache des Handwerks wird überall gesprochen. Wohin wir auch reisen, Handwerker können sich immer über ihr gemeinsames Interesse und über die Erfahrungen, die sie gemacht haben, unterhalten. Dieses Verstehen überwindet alle Barrieren. Wir alle erkennen den Wert der Arbeit des anderen, egal aus welchem gesellschaftlichen oder ethnischen Milieu wir kommen.

Für einen Handwerker ist allerdings nicht nur der Kontakt zu seinen Kollegen wichtig, sondern vor allem auch die Verbindung zu seinen Kunden. Ich selbst arbeite gerne direkt mit der Person zusammen, für die ich ein Möbel baue. Die meisten meiner Aufträge kommen daher, daß die Leute meine Arbeiten in Privathäusern, Büros, Galerien, Museen oder in meiner Werkstatt gesehen haben. Viele sind durch persönliche Empfehlung zu mir gekommen. Und auch Artikel über meine Arbeit haben weitergeholfen. Ich habe es gern, wenn solche direkten Beziehungen zustande kommen. (Ich hoffe, dieselben Dinge geschehen auch anderen Handwerkern.) Die Schwingungen zwischen zwei Personen, die auftreten, weil zwei einer Sache das gleiche Interesse entgegenbringen, sind mir wichtig. Sie zeigen auch, worum es im Handwerk eigentlich geht. Dies ist einer der wesentlichsten Unterschiede zwischen industriell gefertigten Dingen und handgearbeiteten. Ich genieße es ausgesprochen, die Person, für die ich etwas baue, kennenzulernen. Die vielen verschiedenen Möbeltypen, die ich in den letzten 35 Jahren gebaut habe, haben meine Arbeit interessant gemacht. Die Chance aber, diejenigen zu kennen, für die ich die Möbel gebaut habe, die hat meiner Arbeit einen tieferen Sinn gegeben.

Ich habe viele interessante Erfahrungen gemacht und sehr interessante Menschen durch meine Arbeit kennengelernt. Ich hatte das Glück, daß fast alle meine Kunden Freunde von mir geworden sind.

Ein anderes Erlebnis war ärgerlich, als es passierte, ging dann aber gut aus, und heute kann ich darüber lachen. Ein guter Kunde und Freund von mir ist ein sehr erfolgreicher Geschäftsmann und eigentlich wohl ein „verhinderter" Schreiner. Wenn er mich anruft, pflegt er mir in den ersten fünf Minuten zu erzählen, wie gut ich sei, und danach zwanzig Minuten lang, wie ich ein bestimmtes Möbelstück hätte besser bauen können. Ich hatte ihm einen großen Eßtisch gebaut, an dem zwölf Leute Platz haben. Er war rund, hatte einen Mittelfuß und ließ sich zum Oval erweitern. Nachdem er ihn etwa ein Jahr lang hatte, rief er eines Tages an und sagte: „Sam, der Tisch ist absolut fabelhaft und überhaupt" – ich wußte, das nächste Wort würde ABER lauten – , „aber ich habe gerade einen guten Schreiner hier. Wir haben ihn umgedreht und versuchen, ihn auseinanderzunehmen, um noch eine Einlegeplatte hinzuzufügen."

„Das geht nicht", sagte ich. „Man kann ihn nicht auseinandernehmen, und man kann auch keine zweite Platte einlegen, weil die Auszüge nicht so weit reichen. Und wenn, dann würde der Tisch ohne ein extra Fallbein kippen. Laß ihn doch einfach so, wie er ist. Ich kann ihn ja an jemanden verkaufen, und dir werde ich einen neuen bauen, in jeder Größe, die du willst."

Er sagte: „Hör mal zu, Sam ..." Ich sagte: „Bitte! Du wirst ihn kaputtmachen. Ich werde ihn verkaufen und dir ohne Aufpreis einen neuen machen." Er sagte: „Warte mal. Ich muß dir was sagen, was ich dir schon immer mal sagen wollte, seitdem wir uns kennen." Er fing an, mir zu erzählen, was er von mir hielt. Puh! Ich mag gar nicht wiederholen, was er gesagt hat. Ich hörte ihm geduldig zu, wurde aber langsam böse. Ich versuchte, ihn zu bremsen: „Laß mich ...", aber er unterbrach mich: „Jetzt hörst du mir zu..." Schließlich sagte ich: „Ich möchte nicht mehr für dich arbeiten. Dein laufender Auftrag ist gestrichen. Fahr zur Hölle!"

Meine Frau, die am Nebenapparat war, kam in die Werkstatt. Ihre Lippen zitterten. „Sam, was hast du gemacht!" (Ich hatte eigentlich mit Mitleid gerechnet.) „Ich hab, dich noch nie so reden hören." Ich sagte: „Wenn er zurückruft, ich bin nicht da!" Ein oder zwei Wochen lang erschrak ich jedesmal, wenn das Telefon klingelte. Schließlich rief er an, und Freda bat: „Sam, bitte, du mußt ans Telefon gehen!" Ich nahm den Hörer, und er sagte: „Hallo, Sam. Ich mag dich und ich vergebe dir!" Ich habe ihm einen größeren Tisch gebaut, den ersten zu einem etwas höheren Preis verkauft, als er ursprünglich gekostet hatte, und alle waren wieder glücklich.

Es passieren alle möglichen Dinge, und auch sie gehören zu diesem Beruf. Doch manchmal stellen sie die Geduld auf eine harte Probe.

Ich hatte einige sehr interessante Aufträge, von kompletten Einrichtungen bis zu Stühlen für junge Paare, die kaum Geld hatten. Meine Frau schreibt sich jedes verkaufte Möbel von mir auf. Wir kennen fast jeden Käufer persönlich und wissen, welches Möbelstück er erworben hat.

Es ist nichts Ungewöhnliches, mit einem einzigen Möbelstück zu beginnen, und auf einmal sind es dann mehrere. Das erste Haus, das ich je vollständig eingerichtet habe, war in Corona del Mar bei Newport Beach in Kalifornien. Die Leute hatten vor etwa zwanzig Jahren meine Möbel gesehen und mit mir gesprochen. Jetzt waren sie mit einem Innenarchitekten gekommen, um einen Schaukelstuhl zu bestellen. Am Abend riefen sie noch einmal an und fragten, ob sie mit mir auch über ein paar andere Möbel sprechen könnten. Schließlich habe ich 47 Stücke für sie gebaut. Das war zu jener Zeit mein größter Auftrag.

So etwas ist mir oft passiert. Zum Beispiel: Nachdem ich das Eßzimmer für ein Haus in Brentwood, Kalifornien, eingerichtet hatte, wurde ich gebeten, doch auch ein paar Wohnzimmermöbel zu bauen und schließlich noch das Elternschlafzimmer einzurichten.

Für ein großes Haus auf der Insel Maui habe ich alle Möbel gebaut – 43 Stücke. Und ich muß immer noch drei Schlafzimmer einrichten. Ich habe ein ganz beträchtliches Auftragspolster. Und so wie ich arbeite, werde ich wohl immer eines haben. Meiner Frau zufolge ist das so, weil ich nicht nein sagen kann. Sie sagt oft zu mir: „Sag den Leuten, daß du im Moment nichts mehr annehmen kannst.“ Aber so etwas spricht sich schnell herum, und dann denken die Leute, ich würde mich zurückziehen. Ich werde mich nicht zur Ruhe setzen, bis ich sterbe, und ich hoffe, daß ich noch lange leben werde.

Manchmal kopple ich auch mehrere Aufträge. Zum Beispiel hat jemand aus Texas zwei Sitzbänke, einen Schaukelstuhl und einen Armlehnstuhl bestellt. Ich habe diesen Auftrag mit einem bereits laufenden ähnlichen Auftrag zusammengelegt. Manchmal allerdings dauert es eine Weile, bis ich mit einem Auftrag anfangen kann.

Jan Hlinka, erster Bratschist der Los-Angeles-Philharmoniker, wollte ein paar Möbel von mir haben. Wir haben einen gemeinsamen Freund, und dieser Freund hatte versprochen, Jan irgendwann einmal zu uns mitzubringen. Die Zeit verging, und der Freund hatte uns immer noch nicht miteinander bekannt gemacht. Also tauchte Jan eines Tages alleine auf, und wir verstanden uns auf Anhieb. Er kam sogar am nächsten Tag wieder, um mir seine preisgekrönte Bratsche zu zeigen und um gleichzeitig einen meiner Notenständer zu bestellen. Er wollte ihn gerne aus Rio-Palisander. Ich baute ihn, und später fragte er, ob ich ihm aus demselben Holz eine Kommode für seine Noten machen könnte. Auch die baute ich ihm. Ein andermal fragte er, ob ich ihm einen Stuhl machen würde.

„Also, Sam“, erklärte er, „es muß ein ganz spezieller Stuhl sein. Ich sitze nach vorne geneigt und brauche im unteren Rückenbereich eine gute Stütze. Armlehnen brauche ich keine, weil sie beim Spielen nur stören. Ich überlasse das alles dir. Mach es so, wie du es dir denkst.“

Mir schwebte eine Art umgebauter Klappstuhl für ihn vor. Ich machte ein paar Skizzen, fing mit dem Stuhl aber noch nicht an. Monate vergingen. Jan rief mal an, mal kam er vorbei und wollte wissen, wie ich vorankam. Und ich sagte jedesmal, daß ich noch am Nachdenken sei. Bis er eines Tages sagte: „Ach Sam, du hast mich richtig in Verlegenheit gebracht." Ich sagte: „Wieso? Was meinst du damit, Jan? Was habe ich dir getan?"

Er antwortete: „Du weißt doch, daß ich mit Gregor Piatigorsky zusammen für ein Duett probe. Und zum Proben bin ich immer zu ihm gegangen. Als ich das letztemal da war, sagte er: ‚Jan, ich würde zum Üben gerne zu dir ins Haus kommen.' Alles war für ihn vorbereitet. Ich habe einen roten Teppich für ihn ausgerollt. Als er dann kam, sagte er: ‚Jan, der Grund, warum ich hierherkommen wollte, ist, daß ich auf dem Stuhl sitzen möchte, den Sam Maloof für dich gemacht hat!'"

Jan erzählte die Geschichte mit offensichtlichem Vergnügen. Aber er sagte: „Sam, du hast mich ganz schön versetzt. Da kommt der große Piatigorsky in mein kleines Haus und muß auf einem miesen Stühlchen sitzen. Bitte, bitte, mach mir meinen Stuhl." Innerhalb einer Woche hatte ich Jans kleinen Rio-Palisander-Stuhl fertig. Aber es ist das einzige Einzelstück, das ich je gemacht habe. Aus irgendeinem Grund konnte ich mich nicht entschließen, mehr von diesem Stuhl zu bauen.

Eine junge Dame und ihre Tochter kamen eines Tages in meine Werkstatt. Für die Mutter hatte ich schon einmal Möbel gebaut.

Die Mutter wollte ein Hochzeitsgeschenk für ihre Tochter. Sie sahen sich zusammen Stühle an, und die Tochter suchte sich einen davon aus. Die Mutter fand, er kostete mehr, als sie ausgeben wollte. Da meinte die Tochter: „Dann werde ich ihn selbst kaufen", woraufhin ihr die Mutter anbot, die Hälfte zu zahlen. Der, den sie aussuchten, war einer meiner Lieblingsstühle, aber ich hatte ihn ziemlich klein gebaut. Die Tochter sagte zu mir: „Diesen möchte ich haben, Sam. Aber bitte mach ihn für mich viel breiter, ich habe einen dicken, fetten Hintern."

Es ist so, daß ich meine Möbel immer direkt für die Person entwerfe, für die ich arbeite. In gewissem Sinne arbeite ich für den Kunden, und trotzdem behalte ich meinen individuellen Stil. Ich kann sehr flexibel sein, weil ich für keines meiner Möbel die Maße festgelegt habe. Beim Entwurf allerdings gehe ich keinen Kompromiß ein.

Es sind schon junge Leute zu mir gekommen, die nicht viel ausgeben konnten. Ich erinnere mich an ein Pärchen, das unbedingt einen meiner Stühle wollte. Ich konnte regelrecht spüren, wie sehr sie ihn haben wollten.

„Wieviel könnt ihr denn ausgeben?" fragte ich sie. „Wir haben einhundert Dollar", antworteten sie. „Und ihr wollt den Stuhl unbedingt?" „Wir möchten ihn schrecklich gerne haben." „Gut", sagte ich, „ihr könnt ihn haben." Ich erzählte ihnen nicht, wieviel ich für diese Stühle damals bekam. Ich glaube, es waren ungefähr 350 Dollar. Aber ich habe ihnen den Stuhl trotzdem gebaut.

Ein Freund von mir, der Besitzer einer Skulpturengalerie in La Jolla, erzählte mir eine ähnliche Geschichte. Eines Samstags erschien in seiner Galerie ein Soldat. Er kam am nächsten Samstag wieder. Er ging immer zu einer bestimmten Arbeit und betrachtete sie mit unverhohlener Bewunderung. So ging das einige Samstage lang. Eines Tages ging mein Freund auf den jungen Mann zu und sagte: „Sie gefällt Ihnen, nicht wahr?“ Der Soldat erwiderte: „Ich mag sie. Ich kann sie mir nicht oft genug ansehen. Ich wünschte, ich könnte sie mir leisten, aber ich kann sie nicht. Und doch genieße ich es, sie mir immer wieder anzusehen.“ Mein Freund sagte zu mir, er hätte einfach die Hand ausgestreckt, die Skulptur genommen, sich umgedreht, sie dem Soldaten gegeben und gesagt: „Hier, sie gehört Ihnen.“

Diese Geschichte blieb mir immer im Gedächtnis, und dann passierte mir genau das gleiche. Ich war zum Abendessen bei dem Bildhauer Albert Stewart. Wir gingen in sein Atelier. Ich sah mir ein Stück an und sagte: „Bert, ich glaube, das ist eine der schönsten Arbeiten, die du je gemacht hast.“ „Gefällt sie dir?“, fragte er. „Ja“, sagte ich. „Nimm sie, sie gehört dir.“

Maria Martinez, die berühmte Töpferin aus San Ildefonso Pueblo, und ich in unserem Garten. Freda lernte Maria 1936 kennen und blieb bei ihr, bis sie 1937 zur Direktorin für Kunst und Handwerk an die Indianerschule in Santa Fe berufen wurde.

Hände

Ich wünschte mir, Preise für meine Möbel zu machen, gehörte nicht zu meiner Arbeit. Es ist mir ausgesprochen unangenehm, aber schließlich muß ich ja davon leben. Viele Leute sagen mir, ich würde nicht genug dafür nehmen. Ein Freund drohte mir, er würde kein Möbel mehr bei mir kaufen, wenn ich nicht meine Preise erhöhte. Er hatte den Kaufvertrag unterschrieben, aber als ich ihm die Rechnung schickte, überwies er mir 200 Dollar mehr als vereinbart.

Ich denke, Moral und Integrität sollten beim Festsetzen der Preise auch eine Rolle spielen. Ich weiß, wieviel Zeit in einem Möbel steckt; also kann ich auch einen fairen Preis für meine Zeit, mein Material und die laufenden Werkstattunkosten nehmen. Und auch meine Erfahrung zählt mit. Und trotzdem darf man nicht zuviel berechnen. Ein Maler oder Bildhauer kann, wenn er erst einmal bekannt ist, für seine Werke beinahe jeden Preis nehmen. Manche Handwerker können das auch. Aber ein Möbel, so scheint mir, ist einfach so und so viel wert und nicht mehr.

Vor vielen Jahren rief mich eine Frau aus Los Angeles an, die Möbel von mir haben wollte. Sie sagte, sie wolle einen Tisch für vierzehn Personen und eine dreiteilige Anrichte für ein Eßzimmer. Sie brauche außerdem einen Tisch und Stühle für ein Jagdzimmer plus Beistelltische und ein paar Wohnzimmermöbel. Ich maß das Eßzimmer aus und zeichnete einen Grundrißplan, dem sie zustimmte. Ich erinnere mich, daß alle drei Teile der Anrichte Rollen haben sollten, damit man sie zum Putzen wegschieben konnte. Ich zeichnete die Entwürfe und ließ ihr Kopien da. Sie machte einige kleine Korrekturen, und ich erhielt den Auftrag.

Als ich die Möbel lieferte, war sie sehr zufrieden und sagte: „Also Sam, finden Sie nicht, daß zwei Leute, die zusammenarbeiten, die Sache doch besser machen?“ Ich mußte lachen und stimmte ihr zu.

Ihr Mann war zunächst überhaupt nicht an den Möbeln interessiert. Er sagte, seine Frau sei für all das zuständig. Später, als ich ihn besser kannte, gestand er mir: „Ich bin fast ohnmächtig geworden, als ich zufällig hörte, wie Sie meiner Frau die Preise nannten. Aber als ich die Stühle sah, fand ich es nicht mehr teuer, sogar eher preisgünstig, und dachte, daß die Möbel doch eigentlich viel mehr wert seien.“ Diese Dame und ich sind enge Freunde geworden. Ein paar Monate vor ihrem Tod bestellte sie noch zwei Möbelstücke für den Flur. Danach rief ihr

Mann an und stornierte den Auftrag, rief dann aber noch einmal an und meinte, seine Frau hätte doch die Stücke noch haben wollen, und er bat mich, sie auszuführen. An solche Ereignisse erinnert man sich, denn dadurch kommen die Menschen einander näher.

Ausstellungen

Ich habe niemals um eine Ausstellung in einem Museum oder einer Galerie gebeten; es fügte sich immer von alleine. Doch war ich für die Ausstellungen, an denen ich beteiligt war, sehr dankbar.

1948, zum Beispiel, stellte ich zum erstenmal auf der Los Angeles County Fair aus, die wirklich mehr als nur eine Messe ist. In der Kunsthalle auf dem Messegelände fand eine nationale Gemälde- und Skulpturenausstellung statt. Und es gab eine Handwerksausstellung mit Preisgericht. (Millard Sheets leitete diese Aktivitäten.) In jenem Jahr gewann ich den zweiten Preis, wie auch in den nächsten beiden Jahren, in denen ich teilnahm. Es war ein seltsames System, denn der Gewinner des ersten Preises wurde im darauffolgenden Jahr Preisrichter.

Das Pasadena Art Museum organisierte jedes Jahr eine Ausstellung mit dem Titel „Kalifornisches Design". Auf dieser Ausstellung wurden sowohl Handwerks- als auch Industrieprodukte vorgestellt und trafen aufeinander. Und nicht nur in Kalifornien, sondern in ganz Amerika fand diese Ausstellung große Beachtung. Ich war von der ersten Ausstellung im Jahre 1954 bis 1971 immer dabei.

Als man mich zum erstenmal fragte, ob ich auch an der Ostküste ausstellen würde, war ich sehr überrascht. Es ging um die Eröffnungsausstellung des Museum of Contemporary Crafts (heute American Crafts Museum) in New York im Jahre 1956. Aileen Osborn Webb, die Gründerin des American Craft Council, war der eigentliche Katalysator all dessen, wie sie das bei so vielen anderen Dingen des Handwerks auch war.

Ich kannte damals den American Craft Council noch nicht und habe nie herausgefunden, wo sie meine Möbel gesehen oder davon gehört haben. Deshalb kam die Einladung zwar überraschend, tat aber meinem Selbstbewußtsein sehr gut. Eines meiner Stücke wurde sogar von einem Handwerkerkollegen gekauft, der auch ausstellte. Daß ein Kollege etwas von mir kaufte, tat mir besonders gut. Schreiner betrachten Möbel von einem sehr professionellen Standpunkt aus; sie sind besonders kritisch. Wenn sie etwas kaufen, dann muß ihnen meine Arbeit schon etwas bedeuten.

Die Weltausstellung in New York im Jahre 1964 war das erste große Ereignis, an dem der American Craft Council teilnahm. Einige von uns wurden gebeten, die amerikanische Handwerkerschaft dort zu vertreten. Alice Parrot, die Weberin, die in Santa Fe, New Mexico, lebt, war dabei. Sie webte auch den Stoff, mit dem meine Stühle bezogen waren. Vor der Ausstellung schickte man einen Fotografen zu mir. Er war etwa eine Woche lang bei uns und fotografierte von Sonnenaufgang bis Sonnenuntergang alles, was ich tat. Diese Fotos waren dann auf der Ausstellung der dekorative Hintergrund.

Es war eine Ehre für mich, einer der Handwerker zu sein, die bei *„OBJEKTS: USA“* vertreten waren. Diese Ausstellung wurde 1969 in der Smithsonian Institution eröffnet und wanderte dann durch die Museen der Vereinigten Staaten. Bis heute ist es die größte Ausstellung amerikanischer Handwerkskunst, die je organisiert wurde. Sie war von S.C. Johnson and Son, Inc. gesponsert. Der Sponsor selbst erwarb sieben meiner Arbeiten. Leider wurde in den Transportlastwagen eingebrochen und vier Stücke – eine Sitzbank, zwei Stühle und ein Notenständer – gestohlen. Die Diebe nahmen auch einen Wiegenschrank mit, der jedoch ein paar Häuserecken weiter wiedergefunden wurde. Er war ihnen wohl zu schwer gewesen. Irgendwo stehen vier Möbel von mir, von denen ich nichts weiß. Ich hoffe nur, daß sie da, wo sie sind, jemandem Freude machen. Ich wurde eingeladen, bei „Woodenworks“ (1972) teilzunehmen, der Eröffnungsausstellung der Renwick Gallery, die zu der Smithsonian Institution in Washington D.C. gehört. Fünf Handwerker wurden ausgewählt: Wharton Esherick, George Nakashima, Art (Espenet) Carpenter, Wendell Castle und ich. Jeder von uns wurde gebeten, zehn Möbelstücke zu bauen, die wir als repräsentativ für unsere Arbeit ansahen. Die Stücke, die ich für die Ausstellung baute, versprach ich Freda. Ich versicherte ihr, ich würde sie nicht verkaufen.

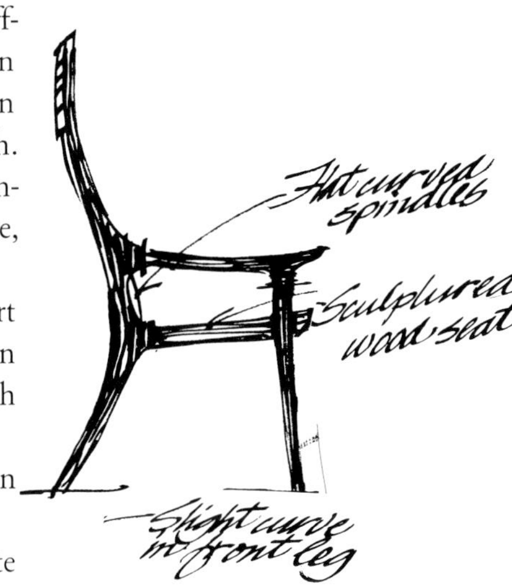

Nach sechs Monaten wurde die Ausstellung in das Minnesota Museum of Art in St. Paul verlegt. Einige Zeit später rief mich das Museum an. Sie sagten, ein Freund und Gönner des Museums sei an meinen Möbeln interessiert. Ich druckste etwas herum, und schließlich erzählte ich es Freda.

„Los! Verkauf sie!“ sagte sie. „Ich dachte mir schon, daß sie jemand haben möchte.“

Bis auf ein einziges Stück wurden alle meine Möbel verkauft und das letzte etwas später dann auch noch. Das Lustige an dieser Geschichte ist, daß mich dieser Käufer Jahre später anrief und ich ihm dann ein ganzes Büro entwarf. Später besuchte er das Büro einer meiner anderen Kunden, der zufällig sein Freund war. „Meine Möbel sehen fast genauso wie deine aus“, rief er. „Wer hat sie gebaut?“

„Sam Maloof.“

„Der hat meine auch gemacht.“

Einer lebte in St. Paul, der andere in Seattle, und jedes Büro hatte andere Möbel.

Im Jahre 1976 erwarb das Museum of Fine Arts in Boston zwölf Möbelstücke von mir mit Hilfe einer Stiftung, die zur Bedingung gemacht hatte, daß die Arbeiten der Öffentlichkeit zugänglich und gleichzeitig Teil der Sammlung sein müßten. Daß die Möbel ständig im Gebrauch und nicht abgeschirmt hinter Glas sein würden, freute mich ganz besonders. Sie wurden zuerst in einer Ausstellung mit dem Titel „Bitte Platz nehmen“ gezeigt. Von allen Ausstellungen, die ich hatte, erregte diese das meiste Interesse. Bis heute bekomme ich immer wieder Briefe, in denen ich nach diesen Möbeln in Boston gefragt werde. Ich baue tatsächlich gerade einige Stücke für Leute, die mir wegen jener Möbel geschrieben hatten, die sie dort im Museum gesehen haben. Ein Grund für diese positive Resonanz liegt sicher darin, daß man im Museum of Fine Arts meine Möbel anfassen, darauf sitzen und richtig erleben kann.

Synodensaal im Vatikan, 1978. Der Anlaß war „Handwerk, Kunst und Religion", das zweite von der Smithsonian Institution und dem Vatikanmuseum gemeinsam ausgerichtete internationale Seminar.

Viele Leute glauben, daß von einem Künstler, der noch lebt, nichts in ein Museum kommt. Das scheint früher wirklich so gewesen zu sein, und manche Museumsleitungen sind in dieser Hinsicht immer noch sehr zurückhaltend. Doch viele Kuratoren sind heute auch sehr interessiert an den Werken lebender Künstler und Handwerker.

1978 nahm ich an einem Seminar im Vatikan mit dem Thema „Das Handwerk in der Religion" teil. Dieses Seminar stand unter der Schirmherrschaft einer Gruppe, die sich „Freunde des amerikanischen Museums im Vatikan" nannten. Deren Ziel war, amerikanische Gemälde, Skulpturen und Kunsthandwerk für das Vatikanmuseum zu erwerben. Diese Gruppe wollte durch das Seminar die Aufwertung der Sammlung der amerikanischen Abteilung vorantreiben. Zwei Handwerker wurden eingeladen, eine Rede zu halten: Brent Kington, der mit Metall arbeitet, und ich. Die anderen Sprecher waren hauptsächlich Museumsleute, Kuratoren und Kunsthistoriker. Dabei waren auch Charles Hummel, Kurator des Henry Francis du Pont Winthertur Museum, Paul Smith, Direktor des American Crafts Museum, und Lloyd Herman, Direktor der Renwick Gallery.

Das Seminar fand im Synodensaal im Vatikan statt. Wir sollten dort eine Woche lang tagen. Die Teilnehmer mußten sämtliche Unkosten selbst übernehmen, zusätzlich zu einer Gebühr für die Vorträge. Kurz vorher erreichte mich ein Telegramm aus dem Vatikan, das so begann: „Wir bedauern, Ihnen mitteilen zu müssen ..." – mein Herz sank –, „daß Ihre Teilnahmegebühr doch 1000 statt 500 Dollar beträgt." Der Vatikan zahlte mir jedoch auch meine Fahrtkosten. Also brachen Freda und ich glücklich nach Rom auf.

Jeder Redner sollte ein schriftliches Referat vorlegen, das später auch veröffentlicht werden sollte. Nachdem wir drei oder vier Tage lang lauter abgelesene Referate angehört hatten, sagte Freda zu mir: „Sam, du wirst deinen Vortrag nicht vorlesen. Sprich einfach frei." Und sie nahm mir mein Referat weg.

Gleichzeitig mit dem Seminar fand eine Ausstellung amerikanischer Handwerkskunst statt, für die zwanzig amerikanische Handwerker ausgewählt worden waren. Diese erste amerikanische Handwerksausstellung im Vatikan fand in dem kleinen Amerikamuseum des Vatikan statt, einem Raum, der sich auf dem Weg zur Sixtinischen Kapelle befindet.

Ausstellungen schaffen immer neue Kontakte und bereichern die Welt eines Handwerkers. Ich hatte das Glück, daß Joan Mondale, die Gattin des Vizepräsidenten, sich ein Möbel von mir aussuchte. Sie stellte die Bank zusammen mit anderen amerikanischen Handwerksgegenständen in der Villa des Vizepräsidenten aus, während sie Dame des Hauses war. Später erwarb sie einen meiner Schaukelstühle für den Dienstsitz.

Im November 1981 stiftete ich einen Schaukelstuhl für eine Veranstaltung zugunsten des American Craft Museum. Er wurde für 8000 Dollar versteigert. Sein Käufer bot ihn der Sammlung des Weißen Hauses an. Freda und ich wurden nach Washington gebeten. Präsident Reagan nahm auf einer Feier in seinem Arbeitszimmer das Stück für die Sammlung des Weißen Hauses entgegen. In seinem Dankesbrief schrieb er, ihm wäre gesagt worden, es sei das allererste zeitgenössische Möbelstück der Sammlung.

Alle Ausstellungen, an denen ich teilgenommen habe, brachten mich in Kontakt mit anderen Handwerkern und der allgemeinen Öffentlichkeit. Ich habe oft daran gedacht, mich ganz aufs Land zurückzuziehen. Aber Freda erklärt mir dann immer, daß ich mich sehr schnell langweilen würde, wenn ich keine Leute mehr um mich hätte. Und wahrscheinlich hat sie recht. Ich weiß, daß ich mich ständig wiederhole, aber ich habe wirklich Glück mit meiner Arbeit: Ich habe so viele wundervolle und interessante Menschen kennengelernt.

Natürlich muß ich meinen Lebensunterhalt verdienen. Kunden warten auf ihre Möbel. Also stelle ich nur dann aus, wenn es mir meine Arbeit erlaubt. In den letzten zehn Jahren habe ich nur an vier Ausstellungen teilgenommen. Ich bekam viele Einladungen, aber ich kann sie einfach nicht alle annehmen. Meine letzte Einzelausstellung war 1983 in Mendocino, Kalifornien, gerade als ich dieses Buch schrieb. Ich dachte, es würde sicher nichts verkauft werden, weil Mendocino ein recht abgelegener Ort ist. Aber alle zwölf Möbelstücke, die ausgestellt werden sollten, wurden noch in meiner Werkstatt verkauft, bevor sie verladen werden konnten. Den Käufern mußte ich sagen, daß sie, wenn die Möbel in Mendocino auch verkauft würden, warten müßten, bis ich neue bauen könnte. Nun, acht der zwölf Stücke wurden auf der Ausstellung verkauft.

Elena Canavier und Joan Mondale bei einem Besuch in meiner Werkstatt im Jahre 1979.

Organisationen

Gute Beziehungen unter Handwerkern sind etwas ganz Wichtiges, sowohl für die daraus erwachsenden Freundschaften als auch für den Austausch von Ideen, Zielen, Problemen oder Erfahrungen. In den fünfziger Jahren gründete eine kleine Gruppe Handwerker die „Southern California Designer-Craftsmen". Das war so etwas wie eine Zunft und wuchs sehr rasch. Unser Ziel war es, das Handwerk zu fördern. Dazu organisierten wir Ausstellungen und veranstalteten Tagungen, auf denen unter Handwerkern bekannte Sprecher auftraten. Wir schufen so ein Forum und eine Möglichkeit zur Diskussion zwischen Handwerkern und der Öffentlichkeit. Die erste Ausstellung der Gruppe fand im alten Los Angeles County Museum of Art statt. Hier wurde auch der Grundstein für die künftigen „California Design"-Ausstellungen gelegt.

Die Zunft der ‚Southern California Designer-Craftsmen' erlebte ihre Höhen und Tiefen, ermöglichte aber trotz allem eine Weiterentwicklung der südkalifornischen Handwerkerszene. Wir kümmerten uns schon früh um etwas ganz Wichtiges, nämlich darum, die Architekten, Innenarchitekten und die Öffentlichkeit auf handgefertigte Dinge aufmerksam zu machen.

Die Vereinigten Staaten erlebten in den fünfziger Jahren eine Renaissance des Handwerks und das ist vor allem Aileen Osborn Webb zu verdanken. Es war eine Art Wiedergeburt des Handwerks und des Industriedesigns, weil sich in jenen Jahren mehr und mehr Leute dafür interessierten. Aileen Webb opferte ihre Zeit, Energie und ihr Vermögen, um die Handwerker zusammenzuschließen und eine Organisation zu schaffen, zu der ein Museum wie auch eine Zeitschrift, die *Craft Horizons* (heute *American Crafts*), gehörte. Natürlich wußten wir damals nicht, daß wir den Anfang einer Renaissance miterlebten.

Ein wichtiges Ereignis für mich und die Handwerkerbewegung war die erste American Crafts Conference in Asilomar in Kalifornien im Jahre 1957. Dort trafen sich Handwerker von überall aus den Vereinigten Staaten. Der American Crafts Council hat diese Konferenzen die ganzen Jahre über unterstützt, aber die erste war die beste. Diese erste Tagung hatte eine Lebendigkeit, die seither eher fehlt. Vielleicht war es so, weil es ein kleines Treffen und eine neue Erfahrung war. Dort begegnete ich zum erstenmal Walker Weed, Wharton Esherick, Art Carpenter, John Kapell und Tage Frid. Bob Stocksdale war ich schon vorher begegnet. Diese Konferenz aber besiegelte unsere Freundschaft. Walker Weed war aus New England, wie Tage Frid auch. Wharton kam aus Pennsylvania, während Art, John und Bob in der Francisco Bay Area lebten.

Bob und Art drechselten damals Schalen. Tage Frid lehrte Schreinerei an der School for American Craftsmen in Rochester, New York. Walker Weed war Schreiner und wurde Direktor der Abteilung Handwerk am Hopkins Art Center, Dartmouth College. John hatte für George Nelson, den Industriedesigner, gearbeitet, entwarf und baute aber jetzt Möbel in einer eigenen Werkstatt. Wharton Esherick war auch Möbelschreiner.

Eines hatten wir alle gemeinsam: Wir machten alle das, was wir gerne machen wollten. Keiner von uns war angepaßt. Keiner von uns wollte sich binden oder festlegen lassen. Ich glaube, wir alle suchten in dem, was wir taten, auch Spiritualität. Wir betrachteten unsere Arbeit nicht nur als Alibi für wirkliche Verantwortung.

Ich bin gerne in der Handwerkerbewegung engagiert, aber natürlich ist die Zeit ein recht einengender Faktor. Als ich zum erstenmal vom American Craft Council (ACC) hörte, wußte ich, daß das etwas war, was wir brauchten, etwas, das helfen würde, die Handwerker zusammenzuschließen. Ich wurde sehr früh Mitglied des ACC.

Einige Jahre später wurde ich zum Regionalbeauftragten des ACC für den Südwesten ernannt. Das war das Gebiet von Kalifornien, Nevada, Arizona, New Mexico und Hawaii. Einige Jahre nach meiner dreijährigen Amtszeit wurde ich in den Vorstand des ACC gewählt, ein Amt, das ich immer noch innehabe.

Als ich damals Regionalbeauftragter wurde, teilte der ACC die Vereinigten Staaten noch in sechs Regionen auf: den Nordosten, den Südosten, den Norden, den Süden, den Nordwesten und den Südwesten. Jede Region hatte ihre Treffen, zu denen auch der jeweilige Beauftragte, der Vorsitzende und der Vertreter der Staaten erschienen. Bei diesen Regionalversammlungen wurde darüber diskutiert, wie man das Handwerk und die Handwerker in dieser Region fördern könnte. Einmal im Jahr fanden die sogenannten Regionalkonferenzen statt, bei denen alle ACC-Mitglieder einer Region zusammenkamen.

Leider hat der ACC dieses Regionalsystem nicht beibehalten. Eines seiner Vorteile war, daß es den regionalen Aktivitäten, Stilen und Märkten eine gewisse Anerkennung zollte. Als dann das Handwerk einen rapiden Aufschwung nahm und es mehr und mehr Handwerker gab, bildeten die in verschiedenen Bereichen arbeitenden Leute eigene Vereine: Die Glasbläser gründeten einen Verein, die Goldschmiede, die Schmiede, die Weber, die Keramiker und die Schreiner. Allein die Schreiner haben in Kalifornien mehrere Vereine.

Diese Vereine wuchsen in den siebziger Jahren immer mehr, sind jedoch vom ACC unabhängig. Sie vertreten in der Regel nur ihre eigenen Interessen, sind sehr aktive Förderer des Handwerks. Heute, da die acht Hauptbeauftragten des ACC keine Regionen mehr vertreten, würde ich gerne einen Vertreter jedes Vereines im Verwaltungsrat des ACC sitzen sehen. Es ist für Handwerker sehr wichtig, sich auszutauschen. Und ich meine, eine Organisation wie der ACC sollte genau dafür optimale Bedingungen schaffen.

Mein Engagement im ACC rührt daher, daß ich das Gefühl habe, dem Handwerk sehr viel zu verdanken. Wenn meine Tätigkeit im ACC anderen Handwerkern helfen kann, dann glaube ich, etwas erreicht zu haben.

Präsident Reagan nimmt meinen Schaukelstuhl entgegen. Es ist das erste zeitgenössische Möbelstück in der Sammlung des Weißen Hauses.

Lehrlinge

Nachdem ich von den Projekten im Iran und im Libanon nach Hause zurückgekehrt war, befand ich mich mit meiner Arbeit auf einmal ziemlich im Rückstand. Damals (1962) fing ich an, jemanden als eine Art Lehrling bei mir aufzunehmen. Der erste junge Mann, den ich einstellte, war Larry White. Ich behandelte ihn wie einen Angestellten und bildete ihn aus. Obwohl ich selbst keine richtige Ausbildung gehabt habe, kann ich doch meine Erfahrungen in der Schreinerei und meine Arbeitsweise und Methoden vermitteln.

Die Konzeption einer Lehre hat meiner Ansicht nach zwei Seiten. Manchmal wäre es wirklich einfacher, man hätte keinen Lehrling oder Auszubildenden und würde statt dessen einfach jemanden einstellen, der so arbeitet, wie man es haben will. Seien wir doch ehrlich: Es gibt Zeiten, da fragt man sich, warum man um Himmels willen eigentlich seine Zeit damit vergeudet, einem jungen Auszubildenden etwas beizubringen. Es kostet so viel Energie. Aber – und das ist die andere Seite – es ist ein gutes Gefühl, zu sehen, daß einige dieser jungen Leute von dir gelernt haben und heute selbstständig arbeiten. Larry White, zum Beispiel, hat jetzt eine eigene Werkstatt in Santa Cruz.

Der American Craft Council hat mir einst sehr geholfen. Jetzt schulde ich meinerseits der Handwerkerbewegung auch etwas. Ich finde, ein Handwerker mit einer eigenen Werkstatt und einem inzwischen gesicherten Auskommen ist es dem Handwerk einfach schuldig, Lehrlinge auszubilden. Er kann sie anleiten, ihnen weiterhelfen, und er kann ihnen die Erfahrungen weitergeben, die er schon gemacht hat.

Es macht mich wirklich traurig, wenn ich einen Handwerker sagen höre: „Ich kann ihnen das nicht verraten. Es ist ein Geheimnis. Ich habe es auch selbst herausfinden müssen, also versuchen Sie es jetzt auch selber." Ich habe keine solchen Geheimnisse. Was ich weiß, steht jedem zur Verfügung. Meine Erfahrung und mein Wissen können einem Handwerker, der mit einem Problem kämpft, viel Frust und Zeit ersparen und ihm die Chance geben, sich mit anderen Dingen zu beschäftigen. Ich meine, man muß sich im Leben engagieren. Wenn du dich nicht selbst einbringst, bekommst du auch nichts. Und damit meine ich nicht ein materielles Engagement. Ich meine damit ein geistiges Engagement. Ich habe das versucht. Und ich glaube, etwas bewegt zu haben.

Das alte europäische Lehrlingssystem liefert uns eine gute Vorlage für ein modernes Lehrprogramm. Soviel ich weiß, vereinbarten der Lehrling und der Meister eine einmonatige Probezeit. Am Ende dieses Monats konnte jeder von beiden den Vertrag auflösen. Wenn aber beide mit der Probezeit zufrieden waren, dann arbeitete der Lehrling drei Jahre lang gegen ein geringes Entgelt in der Werkstatt des Meisters. Nach Ablauf dieser zwei Jahre und wiederum in gegenseitigem Einvernehmen konnte der Meister den Lehrling zum Gesellenlohn einstellen. Es kostet sehr viel Zeit, mit einem Auszubildenden zu arbeiten. Die Lehrlinge empfinden es vielleicht nicht so; vielleicht glauben sie, sie müßten die ganze Arbeit machen, die sonst niemand erledigen will. Auf diese Weise jedoch erhalten sie eine sehr solide Ausbildung, ohne ein Ausbildungsgeld dafür zahlen zu müssen, und erhalten sogar einen Stundenlohn.

Ein Auszubildender muß daran denken, daß ein Handwerker nicht das Geld verdient, das er vielleicht in einem anderen Beruf verdienen könnte. (Ich halte das Gewerkschaftsmodell der Ausbildung für völlig unrealistisch.) Die meisten vollberuflichen Handwerker schätzen sich glücklich, wenn sie wenigstens das Existenzminimum erreichen. Ein Handwerker kann seinen Angestellten nur das zahlen, was sein Betrieb abwirft. Und oft sind sich Leute, die für Handwerker arbeiten, darüber nicht im klaren. Sie glauben oft, der Handwerker müßte ihnen einen hohen Lohn zahlen können, weil er doch „erfolgreich" ist. Sie wissen so wenig von den wirtschaftlichen Verhältnissen solch eines Betriebs. Und genau das sollen sie bei ihrer Arbeit lernen. Einige Schreiner, die ich kenne, stellen Lehrlinge ein, ohne ihnen etwas zu zahlen. Manche Lehrlinge müssen sogar etwas an ihren Ausbilder zahlen. Ich finde, kein Auszubildender sollte ein Arbeitsverhältnis eingehen, in dem er für seine Arbeit nicht bezahlt wird. Die Zeit eines jeden ist zumindest ein klein wenig wert.

Ich zahle jedem, der für mich arbeitet, zunächst einen Mindestlohn. Nach einem Jahr bewillige ich eine Woche Urlaub, nach zwei Jahren gibt es zwei Wochen. Auch zahle ich meinen Lehrlingen nach einem Jahr einen Anteil an dem gemeinsamen Arbeitsertrag aus. Ich kann sie natürlich nur entsprechend meines Einkommens bezahlen, aber ich möchte sie gerne so behandeln, wie ich selbst behandelt werden möchte.

Die jungen Männer, die für mich arbeiten, können manchmal gar nicht glauben, daß ich ihnen für jedes Möbelstück, das wir zusammen gebaut haben, noch ein extra Entgelt gebe. Sie sagen: „Das können Sie doch nicht machen!" Und ich sage: „Doch, ich kann, weil ich es will."

Das Leben besteht aus mehr als nur aus Geldverdienen. Als Schreiner werden Sie nie ein hohes Einkommen haben, das sage ich Ihnen. Ich habe zum Teil Zuschüsse bekommen, damit ich Auszubildende einstellen konnte, ihnen ein Teil meiner Zeit widmen und mit ihnen einzeln zusammenarbeiten konnte. Der erste dieser Zuschüsse kam von der Tiffany Foundation; ich bekam als erster die Prämie aus ihrem Meister-Lehrling-Programm.

Wenn ein neuer Auszubildender bei mir anfängt, führe ich ihn als erstes durch die Werkstatt und erkläre ihm die verschiedenen Werkzeuge. Manche haben schon Vorkenntnisse, manche nicht. Mir sind die lieber, die noch keine Erfahrungen haben. Ich bringe einem Lehrling lieber meine eigenen Methoden bei,

Einige der jungen Männer, die für mich gearbeitet haben, und zwei, die heute mit mir arbeiten (von links): Mike O'Neil, der jetzt bei mir ist; mein Sohn Slimen; Paul Vicente (auf den Fotos im Hintergrund), er arbeitet heute in Berkeley; mein Neffe Nasiff, der inzwischen auch eine eigene Werkstatt hat, und Mike Johnson, der jetzt noch bei mir arbeitet.

anstatt daß er voller Ideen steckt, die ihm ein Lehrer auf einer Schule beigebracht hat. Ich sage ihm, ständig alles genau zu beobachten.

Die ersten drei Monate lasse ich einen Lehrling zunächst nur die Werkstatt auskehren, die Fenster putzen und einfache Schleifarbeiten verrichten. Dabei kann ich ihn beobachten und herausfinden, ob der junge Mensch wirklich an allen Aspekten der Schreinerei interessiert ist, oder seine romantischen Vorstellungen der Schreinerei nicht standhalten. Die, die wirklich mit Holz arbeiten wollen, machen weiter. Nachdem sie die verschiedenen Methoden des Flächenschleifens ausprobiert haben – mit der Bandschleifmaschine, dem Schwingschleifer, dem Druckluftschleifer und der Tellerschleifmaschine –, lasse ich meine Lehrlinge einfache Formen schleifen. Ich lasse sie zuerst an Stücken üben, die von mir schon fertig ausgeformt wurden. Das ist ein ganz guter Test, denn wenn sie zu ungeschickt sind und die Form dabei zerstören, dann nützen sie mir als Gehilfen gar nichts.

In meiner Werkstatt bin ich der Designer. Ich mache alle Entwürfe, die Zuschnitte, die Verbindungen und das grobe Vorformen. Wenn es sich um ein neues Möbelstück handelt, dann forme und schleife ich es so, wie ich es im Endzustand haben will.

Außer mir baut in meiner Werkstatt niemand etwas zusammen. Das mag sehr egoistisch erscheinen; ließe ich aber andere Leute meine Möbel zusammenbauen, dann wären es nicht mehr meine Möbel. Viele Designer hingegen machen nur die Werkzeichnungen und lassen andere Handwerker das Stück bauen.

Wenn ich eine Arbeit mache, die mein Angestellter vorher noch nicht gesehen hat, oder eine Arbeit, die ich für besonders interessant halte, dann rufe ich ihn her und nehme mir die Zeit, ihm jeden Arbeitsschritt genau zu erklären. Ich frage ihn, ob er alles verstanden hat, und wenn er unsicher ist, erkläre ich es noch einmal. Er kann, wenn er will, eine Stunde lang neben mir stehen und zuschauen. Das ist Teil seines Lernprozesses.

Ich glaube, daß ein Lehrling, der ein Jahr lang bei mir gearbeitet hat, losziehen und einen Job finden kann, und wenn nicht bei einem einzelnen Handwerker dann sicher in einer Großwerkstatt. Leider gibt es heute in den Vereinigten Staaten nicht viele Schreiner, die einen Vollzeitmitarbeiter anstellen können. Es ist ganz klar, daß ein Lehrling einem Handwerker eine Zeitlang keine große Hilfe ist. Es kommt zu oft vor, daß ein an der Schreinerei sehr interessierter junger Mann auf einmal merkt, daß es nicht so romantisch ist, wie er sich das vorgestellt hat. Schuld daran tragen auch solche Bücher, in denen das Handwerk eher verklärt anstatt realistisch und von der praktischen Seite her beschrieben wird. Es ist toll, ein Stück Holz drei oder vier Monate oder sogar länger herumliegen zu lassen, bis man sich entscheidet, etwas damit anzufangen. Und es ist wunderbar, für ein Möbelstück länger als ein Jahr zu brauchen. Und es ist ganz großartig, so idealistisch zu sein und Maschinen als etwas Böses abzulehnen. Ich ziehe eine Kettensäge vor, wenn ich eine Diele absägen muß, das kostet mich ein paar Minuten. Mit einer Handsäge bräuchte ich dazu eben ein oder zwei Stunden. Und ich kann die spirituellen Schwingungen des Holzes mit einer Kettensäge genauso spüren wie mit einer Gestellsäge.

Oft schreiben mir junge Leute und bieten mir ihre Dienste an. Sie würden umsonst arbeiten. Sie würden alles machen, Fenster putzen, Böden wischen usw., nur um in meiner Werkstatt sein zu können. Und dann gibt es welche, die fragen ganz direkt: „Was zahlen Sie? Ich möchte pro Stunde so und so viel haben.“ Diese Leute interessieren mich nicht, denn meist kann ich mit ihnen nichts anfangen. Ich habe genügend Erfahrungen gemacht, die das bestätigen. Und aufgrund dieser Erfahrung stelle ich heute auch nur jemanden ein, der aus der Gegend kommt, damit ich mir nicht überlegen muß, wo er leben und essen wird. Es gab auch schon junge Leute, die nur für ein oder zwei Monate dableiben wollten. Einmal tauchte ein junger Deutscher auf. Er hatte von mir gehört. Er wohnte eine Woche lang in unserem Gästehaus, aß mit uns, half mir in der Werkstatt und machte sauber. Er war sehr angenehm.

Ich halte es für das Beste, jemandem einen Minimallohn zu zahlen, auch wenn er noch überhaupt nichts kann. Ich bilde ihn dann aus, so wie ich es für richtig halte, und wenn er irgendwann gehen will, kann er gehen. Ich finde nicht, daß ich meine Lehrlinge ausnütze, und auch nicht, daß sie mich ausnützen.

Arbeit muß Spaß machen. Im Sommer vergeht kein Nachmittag, an dem Freda nicht Wassermelonen oder Limonade rüberbringt und wir dann kurze Zeit draußen sitzen und reden.

Ich führe keine streng organisierte Werkstatt. Es ist alles sehr locker und unkompliziert.

Ich nehme nicht gerne einen Lehrling für weniger als ein Jahr. Wenn dieses Jahr um ist und wir uns verstehen, dann ist es mir lieber, wenn er mindestens noch ein Jahr bleibt. Ich hatte mit allen meinen Mitarbeitern immer Glück.

Die meisten blieben im Durchschnitt fünf Jahre bei mir. Irgendwie habe ich mir immer Leute ausgesucht, die gut zu meiner Art zu arbeiten paßten. Es muß schrecklich sein, in einer Werkstatt zu arbeiten, in der es ständig Streitereien und Ärger gibt. Ich würde mich auch nicht wohl fühlen, wenn meinen Mitarbeitern ihre Arbeit egal wäre und sie nur des Geldes wegen hier wären. Ich bin mir ganz sicher, daß alle meine Mitarbeiter auf unsere gemeinsame Arbeit stolz gewesen sind und es genossen haben, mit mir zusammenzuarbeiten.

Mein Sohn Slimen hat sich schon immer für die Werkstatt interessiert und hat schon Möbel für mich abgerieben, als er erst zehn Jahre alt war. Er arbeitete immer nach der Schule und später als Collegestudent an den Wochenenden für mich. Als er sich dann dazu entschloß, lieber Schreiner zu werden anstatt weiter aufs College zu gehen, arbeitete er ganztags bei mir. Mit fast dreißig machte er seine eigene Werkstatt auf.

Unser Sohn Slimen (Sammy) und ich im Jahre 1973. Kurz danach richtete er sich ganz in der Nähe eine eigene Werkstatt ein.

Mein Neffe Nasiff zog zu uns, als sein Vater starb. Auch ihn interessierte die Schreinerei, und er half mir mehrere Jahre lang in der Werkstatt. Heute ist er ein perfekter Möbelschreiner.

In den letzten zwanzig Jahren hatte ich immer mindestens einen ganztägig beschäftigten Angestellten. Einmal blieb ein junger Mann, der eigentlich woandershin wollte, doch länger als geplant. Slimen, Nasiff und Paul Vicente arbeiteten zu jener Zeit auch gerade bei mir. Da hatte ich plötzlich vier Angestellte und brachte es einfach nicht übers Herz, einem von ihnen zu sagen, daß ich sie nicht alle auf einmal gebrauchen konnte. Also diente mein Einkommen eine Zeitlang als Lohn für die Angestellten. Wir schafften es, genügend Aufträge für vier zu bekommen, so daß ich sie alle bezahlen konnte. Verständlicherweise mag ich solche Situationen nicht besonders. Ich ziehe es vor, einen Mitarbeiter zu haben und vielleicht einen Lehrling oder Praktikanten.

Ich glaube nicht, daß man so etwas wie Schreinerei jemandem wirklich beibringen kann, vor allen Dingen nicht das Entwerfen. Man lernt durchs Zuschauen und durchs Selbermachen. Wir alle haben ein kleines bißchen Talent, das bei entsprechender Förderung ans Licht kommt. Trotzdem muß ein Möbelschreiner von Anfang an jenes instinktive Gefühl für Holz besitzen, auch wenn er noch wenig weiß und ganz unerfahren ist.

Unterrichten

Viele Leute glauben, ich würde unterrichten. Ich bin kein Lehrer. Ich bin ein vollberuflich arbeitender Schreiner, der gelegentlich einen Vortrag hält oder einen Workshop leitet. Es mag widersprüchlich klingen, daß ich Workshops leite, obwohl ich ja behaupte, man könne viele Dinge in der Schreinerei gar nicht lehren. Ich meine damit, daß man das Gefühl für Entwurf und Design niemandem beibringen kann. Techniken dagegen lassen sich vermitteln, man kann sie erlernen.

Viele glauben, daß Handwerkslehrer völlig überflüssig seien. Ich finde, Lehrer können etwas sehr Nützliches sein. Sie können einen Schüler immerhin ermutigen. Wharton Esherick wurde einmal von einer Kunstklasse besucht, und als die Schüler ihn fragten, was er für eine gute Ausbildung erachte, deutete er auf den Lehrer und sagte: „Werdet erst einmal den los!"

Ich bin da anderer Meinung, obwohl es stimmt, daß ein schwacher Schüler unter dem lähmenden Einfluß eines Lehrers ganz versagen kann. Es liegt am Schüler, so viel wie möglich zu lernen, ohne sich dominieren zu lassen.

Bei einem Fachgebiet wie der Schreinerei wäre es völlig sinnlos, seine Zeit mit Problemen zu vergeuden, die man mit Hilfe eines erfahrenen Fachmannes sofort lösen könnte.

Beherrscht ein Schüler erst einmal alle Arbeitstechniken, steht es ihm völlig frei, sich ausgiebig mit dem Aspekt zu befassen, der sich nicht unterrichten läßt, dem Entwurf.

Wie ich schon sagte, bin ich dem Handwerk etwas schuldig. Und das kann ich zum Teil dadurch wiedergutmachen, daß ich an andere weitergebe, was ich selbst gelernt habe. Mir macht es Freude, Holzverbindungen, die ich neu entwickelt habe, anderen zu zeigen und ihnen damit vielleicht jahrelanges Ausprobieren zu ersparen.

Ich übernehme pro Jahr etwa vier oder fünf Vorträge oder Workshops. Die meisten Workshops finden in meiner eigenen Werkstatt statt. Das ist sehr angenehm, weil ich im Wesentlichen einfach an dem Stück weiterarbeite, an dem ich gerade bin. Ich habe auch schon Workshops an anderen Orten gegeben: in Aspen, Colorado; Atlanta, Georgia; Penland, North Carolina und in Edmonton, Alberta.

Der Workshop in Edmonton war sehr interessant. Er hatte sich aus dem enthusiastischen Bericht zweier Kanadier ergeben, die meinen Workshop in Aspen besucht hatten. Einer von ihnen war Rechtsanwalt, der andere Hochschullehrer. Sie boten mir an, sich für einen ähnlichen Workshop in Edmonton einzusetzen. Sieben Monate später erhielt ich einen Brief vom Northern Alberta Institute of Technology, in dem ich nach meinen Lehrmethoden gefragt wurde. Die Hochschule zögerte etwas, den Workshop bei sich zu organisieren, weil sie so etwas noch nie gemacht hatten und unsicher waren. Und trotzdem wurde es einer der erfolgreichsten Workshops, den ich je gegeben habe.

Die Hochschule hatte mehrere riesige Werkstatträume, die auf das beste ausgestattet waren. Meistens beschränke ich die Workshops auf eine Teilnehmerzahl von dreißig Personen. Hier wurde meine Arbeit jedoch mit Videokameras übertragen, also konnten sechzig Leute dabeisein und trotzdem alle technischen Details gut sehen.

Eine Sache möchte ich noch kurz erwähnen, bevor ich dieses Kapitel beende. Auf dem Seminar im Vatikan 1978 war ich einer der letzten Redner. Und als ich so saß und zuhörte, betrachtete ich die wundervollen Gewölbebögen, das Mauerwerk und die Steinmetzarbeiten, die von gewöhnlichen Handwerkern ausgeführt worden waren. Ich bin mir sicher, daß diese Handwerker stolz auf ihre Arbeit waren und sie gerne taten.

Ich kann es nicht oft genug wiederholen: Ich habe immer daran geglaubt, daß die meisten Menschen, die mit ihren Händen arbeiten, eine Verbindung zwischen sich und ihrem Material erleben. Mit dem Benützer des Werkstückes zusammen wird das zu einer Dreieinigkeit: der Erbauer, das Material und der „Besitzer".

Und die Achtung, die der Handwerker für das Material empfindet und auch für das Wunder seiner eigenen Begabung, führt zu Gott, dem Meister aller Handwerke, dem Schöpfer aller Dinge, der uns und unsere Hände als Werkzeuge einsetzt, um diese schönen Dinge zu schaffen. Umringt von schönen Arbeiten, saß ich dort im Vatikan und war dankbar für das Glück, das ich habe, mit meinen Händen arbeiten zu können.

3

Meine Arbeit

Wenn ich ein Möbel entwerfe, stelle ich mir zuerst die Frage nach den funktionalen Details. Zum Beispiel: Wie möchte ich auf dem Stuhl sitzen? Wie kann ich eine gute Rückenunterstützung erreichen? Wie hoch soll die Armlehne sein? Soll das Möbel sehr leicht oder massiv werden? All diese Dinge ziehe ich mit in Erwägung, und dann denke ich über die Konstruktion nach. Manchmal zeichne ich mir mit Kreide ein paar grobe Skizzen auf den Boden. Und wenn die Kunden es wünschen, zeichne ich ihnen den Entwurf auch auf Papier.

Beim Lösen vieler Konstruktions- und Designprobleme verlasse ich mich ganz auf meinen gesunden Menschenverstand und auf meine Erfahrung. Und viele Entscheidungen treffe ich einfach per Augenmaß. Daumen und Zeigefinger nehme ich als Tastzirkel; Auge, Intuition und jahrelange Erfahrung erledigen den Rest. Bei Stühlen weiß ich inzwischen aus Erfahrung, wie tief, wie breit und wie hoch sie sein müssen. Ich habe kein Rezept oder eine Formel für die Schräge der Hinterbeine, ich mache das per Augenmaß.

Wenn ich die Löcher für die Rückenlehnesprossen in einen Stuhlsitz bohre, spanne ich das obere Querbrett, das schon gebohrt ist, ohne Leim auf die Sitzfläche und nehme die Löcher darin als Anhaltspunkte. Dann setze ich das Streichmaß an und ziehe eine Linie da, wo die Mittelpunkte der Löcher liegen werden. Mit dem Stechzirkel kennzeichne ich den Mittelpunkt dieser Linie. Jedes Loch im Sitz hat eine andere Schräge, die ich einfach anpeile und dann bohre. Die meisten Leute glauben mir meine Methode nicht, bis sie es mit eigenen Augen gesehen haben. Und beinahe jeder fragt mich, ob ich bei diesem Freihandbohren keine Fehler mache. Aber es ging immer gut. Einmal wurde ich gefragt, ob ich eigentlich im Auge ein Fadenkreuz hätte. Da mußte ich wirklich lachen. Es ist ein Wunder, wie genau das menschliche Auge ist.

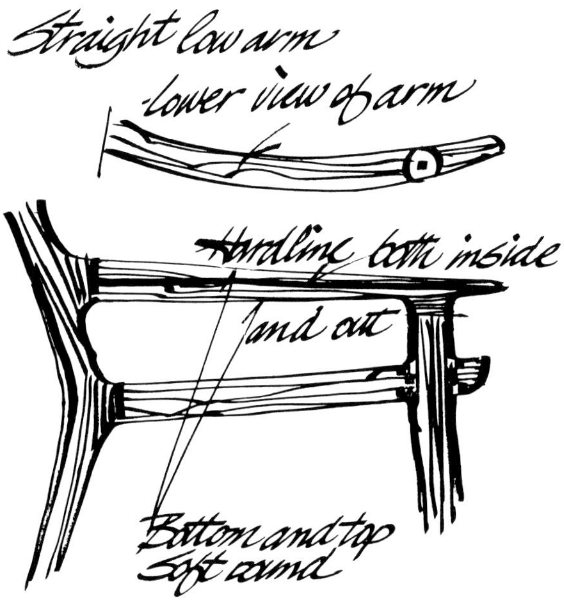

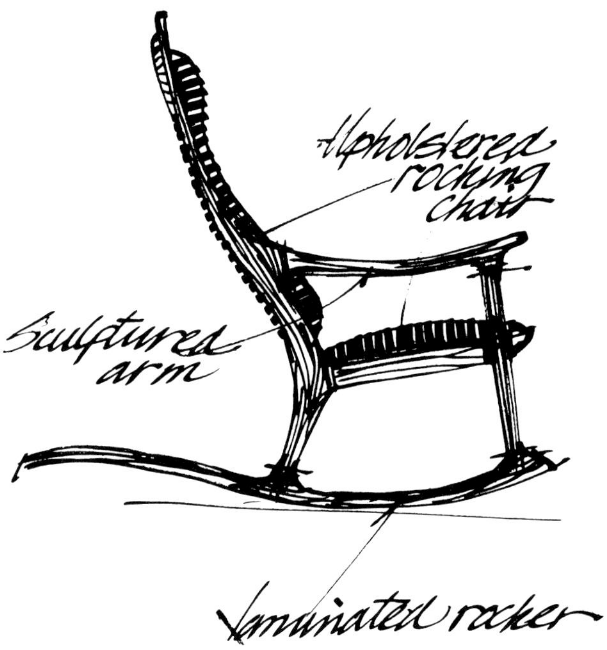

Beim Entwerfen eines Möbels setze ich nicht nur meine Augen, sondern den ganzen Körper ein. Die gebogenen Sprossen einer Stuhlrückenlehne, zum Beispiel, müssen den Lendenwirbeln eine gute Unterstützung bieten. Und das mache ich so: Ich säge mir auf der Bandsäge auf die Schnelle eine Leiste zu, setze mich auf irgend etwas drauf und halte diese Leiste an meinen Rücken. Das scheint ziemlich primitiv, aber ich staune immer wieder darüber, daß gleich der erste Versuch meist wunderbar gelingt. Diese Latte wird dann zum Muster für die anderen Sprossen dieses speziellen Stuhls.

Das wirft eine grundsätzliche Frage auf, die folgende Geschichte erläutert. Ein Möbeldesigner, fast ein Zweimetermann, erzählte mir, er hätte gerade auf einem meiner Stühle gesessen und ihn als sehr bequem empfunden. Seine Mitarbeiter, die wesentlich kleiner seien als er, fänden den Stuhl genauso bequem. Er frage sich, wie das möglich sei. Ich hatte darauf keine Antwort. Ich habe schon gesagt, wie ich vorgehe: Ich nehme meinen eigenen Körper als Richtschnur. Ganz selten einmal baue ich für einen besonders großen Menschen einen besonders großen Stuhl oder für ein Kind einen kleinen.

Ich entwerfe und baue jedes einzelne Stück für die Umgebung, in der es stehen wird. Ich habe keine Standardgrößen und baue keines meiner Stücke nach

Schablone. Manchmal erfordert der Stil eines Hauses einen etwas schwereren Möbeltyp. Meine Möbel sind im allgemeinen recht leicht, aber ich kann sie auch gedrungener und kräftiger machen, wenn das zur Umgebung besser paßt. Meine Bereitschaft zur Anpassung endet jedoch da, wo ich meinen eigenen Stil verraten würde.

Die sehr tiefsitzende Armlehne mancher meiner Stühle dient als Handgriff; bautechnisch ersetzt sie eine Querstrebe unter dem Sitz. Mit Hilfe dieser Armlehne kann man sich leichter in den Stuhl hineinsetzen und auch leichter wieder daraus erheben. Außerdem läßt sich der Stuhl an dieser Armlehne bequem vor- oder zurückschieben, sogar aus einer sitzenden Position heraus. Eine Querstrebe oder Zarge unter dem Sitz würde die klare Linienführung meiner Stühle stören. Hochsitzende Armlehnen mache ich nur bei Schaukelstühlen und einigen Sesseln oder wenn es ausdrücklich gewünscht wird. Eine niedrige Armlehne hat zusätzlich den Vorteil, daß sie die Bewegungsfreiheit des Körpers nicht einschränkt, auch nicht die der Ellbogen. Außerdem kann man die Beine über die Lehne hängen und sich so richtig in den Stuhl hineinlümmeln. Dem Stuhl schadet das nicht.

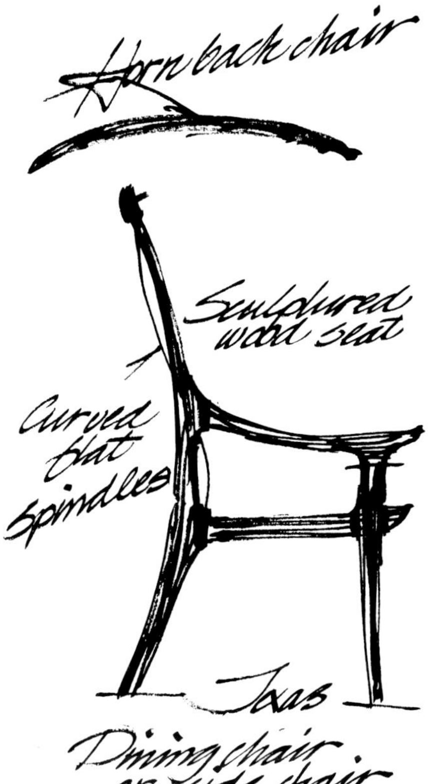

Museumsfachleute haben mir gesagt, daß solch niedrige Armlehnen und ihre Funktion als Versteifung in der Geschichte des Stuhls noch nie dagewesen seien.

Ich forme die Armlehnen unterschiedlich aus. Meistens sind sie schmal, verlaufen parallel zur Sitzfläche und beschreiben vom Hinter- zum Vorderbein eine leichte Kurve. Der andere Lehnentypus ist ebenfalls schmal und verläuft von hinten nach vorne sanft nach unten und außen. Mit derselben Krümmung gibt es auch eine breite Armlehne. Die breite Armlehne stößt an einem höheren Punkt auf das Hinterbein als die schmalere und dient eher als Armstütze denn als Griff.

Ich baue ein sehr ungewöhnliches Möbelstück, das ein interessantes technisches Problem aufwirft. Es handelt sich um eine Bank mit zwei Rückenlehnen; das Holz zwischen den Beinen – die Spannweite beträgt immerhin 90 cm – hat keinerlei Unterstützung. Wenn ich die Beine anbringe, streben die Enden meist nach außen weg. Das ganze Stück erhält seine Stabilität erst durch das Anbringen der Rückenlehne. Dieses Möbel habe ich nicht nach theoretischen Grundsätzen konstruiert; ich habe es einfach gebaut. Die erste Bank sah ein wenig anders aus als die, die ich heute baue. Sie stand fünfundzwanzig Jahre in der Miederwarenabteilung eines großen Warenhauses in San Francisco. Dort ist sie reichlich strapaziert worden.

Die Kombination von harten und weichen Linien, harten Kanten und weichen Kurven ist das, was an meinen Möbeln so außergewöhnlich ist. Ich weiß nicht mehr, wann ich anfing, diese Kontraste miteinander zu verbinden. Es entwickelte sich aus der runden Form, die ich ursprünglich anwandte. Ich fing an, scharfe Kanten da einzusetzen, wo ich einen bestimmten Aspekt des Möbels betonen wollte, und zwar optisch wie auch greifbar. Die harte Kante ist reines Design, sie ist konstruktiv nicht nötig.

Ich baue meine Stühle so einfach wie möglich. Als ich jedoch damit anfing, hielten viele sie für künstlerisch geformte Stücke. Das amüsierte mich, weil ich gar nicht beabsichtigt hatte, daß sie wie Kunstobjekte wirken. Im Vergleich zu den organisch geformten Möbeln, die heutzutage gebaut werden, sehen meine geradezu kunstlos aus. Meine Möbel haben aber ein ganz zartes bildhauerisches Element. Ich finde, es verleiht den Stühlen einen stillen Reiz, ohne ihre Funktion zu überlagern. An der Stelle, zum Beispiel, wo die Rückenlehne auf die Hinterbeine stößt, ist eine kleine Welle. Anfangs war diese Stelle ganz einfach abgerundet wie ein Komma. Eines Tages, ich war am Ausprobieren, sägte ich etwas tiefer hinein, als ich eigentlich wollte. Ich fuhr mit dem Daumen darüber und dachte mir: „Gut, anstatt es konvex zu machen, werde ich's mal konkav probieren.“ Das tat ich dann auch, und so geschah es. Es war ein Zufall. Es gefiel mir und jedem anderen, der es sah. Und es fühlt sich gut an, wenn man mit dem Daumen darüberfährt. Dann habe ich diese Welle in die Sitzfläche

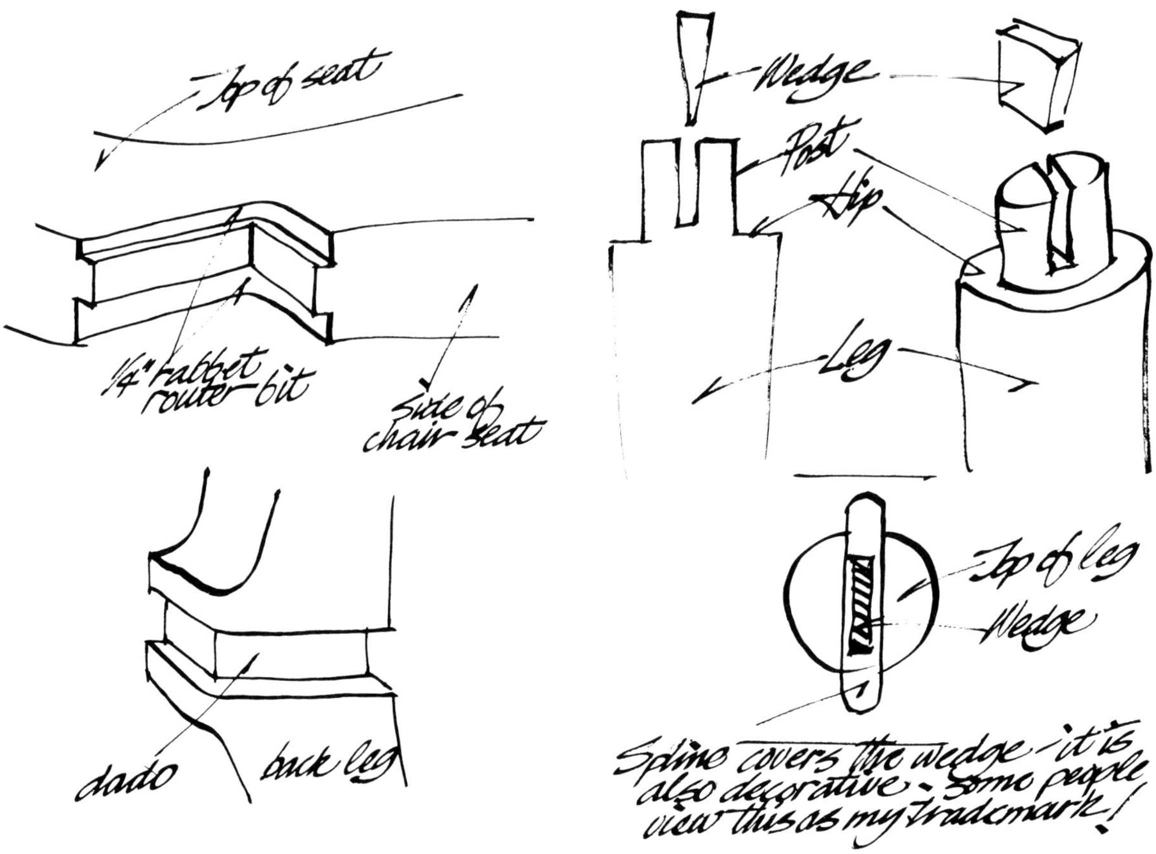

einiger Stühle eingebaut, an der Stelle, wo die Sitzfläche über das Vorderbein hinausragt. Ich habe dabei nie an eine Welle gedacht, aber irgendwie ist es genau das geworden. Ich baue etwa zehn Stuhltypen, man könnte sie Prototypen nennen, die die Grundlage für etwa fünfzig Varianten sind. Alle meine Stühle gibt es gepolstert und ungepolstert. Arm- und Rückenlehnen, Sprossen und Beine können unterschiedlich gestaltet sein. Es ist erstaunlich, wie sich aus einem Stuhl mehrere Varianten entwickeln.

Und doch wird jeder einzelne individuell gefertigt. Ich fertige mir keinen Haufen Einzelteile vor und greife dann einfach in Behälter, um aus den Teilen einen Stuhl zusammenzubauen. Keines meiner Möbel wird auf Lager gebaut, jedes Stück wird extra für die Person, die es bestellt, angefertigt.

Viel zu viele Schreiner, Profis wie Amateure, scheinen zu glauben, an Holzverbindungen sei irgend etwas Geheimnisvolles. Da gibt es keine Geheimnisse. Es geht nur darum, zu begreifen, wie man etwas verbinden kann. Ich lernte es ohne richtige Ausbildung, und ich lerne heute noch dazu. Es gibt eine Menge guter Bücher, die sehr detailliert zeigen und beschreiben, wie alle möglichen Holzverbindungen ausgeführt werden. Für den Anfänger sind solche Werke eine gute Einführung, und manchmal enthalten sie auch für den schon erfahreneren Handwerker gute Tips. Das „Geheimnis" liegt in dem Wie und Wo der verschiedenen Verbindungsarten. Ich halte es für überflüssig, hier auf die Einzelheiten der vielen Verbindungen einzugehen. Ich verwende nur die, die zu meiner Arbeit passen: Zinken und Schwalben, Fingerzinken, Keilzinken, Schlitz und Zapfen und so weiter. Die Verbindung, die ich an den Vorder- und Hinterbeinen meiner Stühle verwende, erregte immer wieder großes Interesse. Wie sie ausgeführt wird, habe ich schon in Artikeln, Workshops und in diesem Buch gezeigt.

An vielen Stellen meiner Möbel würde ein Dübel oder eine Schlitz-und-Zapfen-Verbindung gar nicht möglich sein, weil das Holz an dieser Stelle zu dünn dafür ist. Also benütze ich Schrauben. Die Schraube ist praktisch ein Metalldübel, der anstelle eines Holzdübels gesetzt wird.

Ich bin kein Purist. Ich möchte, daß meine Möbel solide und praktisch sind, und ich werde alles tun, was dazu nötig ist. Da habe ich keine Skrupel. Ich war schon immer der Überzeugung, daß Verbindungen das ästhetische Element eines Möbels und eigentlich der Schreinerei überhaupt sind. Wenn eine Verbindung gut ausgeführt ist, warum sollte man sich dann die Mühe machen, sie zu verstecken. Ich zeige alle meine Verbindungen ganz offen.

Viele Schreiner messen sich heute selbst oft an der Qualität der Vergangenheit. Das hat jedoch zwei Seiten. Ich habe eine Menge Antiquitäten gesehen, deren Äußeres sehr schön gearbeitet war, die Stellen jedoch, die man nicht sieht, waren roh und unbearbeitet. Meine Stühle sind vollständig poliert; auch die Stellen, die man nicht sieht. Und meine Schränke werden innen genauso behandelt wie außen.

Vor vielen Jahren baute ich einen schönen Büroschreibtisch. Damals machte ich gerne eine ganz auf Gehrung gearbeitete Eckverbindung. Ein alter Handwerker aus Schweden arbeitete gerade in diesem Büro. Er sah sich den Schreibtisch an, rief mich her und deutete auf eine Stelle nahe am Boden. „Warum haben Sie hier eine dreifache Gehrung gemacht?"

Ich sagte: „So mache ich das immer."

Er sagte: „Das wird nie irgend jemand sehen."

Es überraschte mich ein bißchen, denn ich hatte nie daran gedacht. Aber ich lachte und sagte: „Stimmt, Sie haben recht, aber mir würde es auffallen."

Und mit dieser Einstellung baue ich alle meine Möbel.

Ich polstere meine Möbel nicht selbst. Ich kann es und habe es auch schon getan, aber aus Zeitgründen gebe ich meine Möbel zu einem Polsterer. Die Sitz- und Rückenrahmen, die gepolstert und dann in den Stuhl eingesetzt werden, die mache ich selber. Diese Rahmen müssen ganz genau eingepaßt werden. Ich schicke die Rahmen dann zum Polstern, während ich den Stuhl fertig mache. Oft ist der Polsterer schneller fertig als ich.

Es ist schwer, einen guten Polsterer zu finden. Keith Dixon, mein Polsterer, ist ein Meister seines Handwerks. Und außerdem habe ich über die Jahre eine sehr gute Beziehung zu ihm entwickelt. Er kennt meine Möbel, weiß, wie sie aufgebaut sind, und er hat sehr viel Erfahrung mit den oft recht unüblichen Methoden, die ich wünsche.

Was Polsterstoffe oder Leder angeht, mag ich keine Muster. Die Webstruktur und die Farbe des Materials haben genug Aussagekraft. (Einer meiner Kunden lies sich einen Stuhl mit einem alten französischen Gobelinstoff beziehen, und das Ergebnis war wirklich beeindruckend.)

Von Anfang an mochte und verarbeitete ich die Stoffe von Jack Lenor Larsen, vor allem die handgewobenen und die erdfarbenen. Alle meine gepolsterten Stücke haben einen Grundpreis. Das heißt, der Kunde zahlt für die Polsterung und den Stoff extra. Wenn ich die Polsterung liefere, rechne ich 10 Prozent der Materialkosten hinzu. Meistens frage ich die Kunden, welche Farben sie bevorzugen, und zeige ihnen dann drei Farbmuster. Mehr als drei verwirren nur.

Wenn jemand eines oder mehrere meiner Möbel kauft, dann notiere ich mir das in einem Buch: Das Stück und den Kunden. Ich versuche einen freundschaftlichen Kontakt zu meinen Kunden aufrechtzuerhalten. Oft bekomme ich Anrufe von Besitzern meiner Möbel, die mich nach Pflegetips fragen oder wie man einen Wasserfleck entfernt. Lebt der Kunde weit entfernt, gebe ich ihm Ratschläge; wenn er aber nicht weit weg wohnt, erledige ich das selbst.

Ich habe viele tausend Möbelstücke gebaut. Und natürlich ist es unmöglich, zu jedem, der ein Möbel von mir hat, Kontakt zu halten. Ich habe mich aber bemüht, mit so vielen wie möglich in Verbindung zu bleiben.

Holz quillt, schwindet, reißt und verzieht sich. Reparatur und Pflege gehören für mich zu meiner Verantwortung als Schreiner. Glücklicherweise hatte ich in all den Jahren nur wenige größere Schäden zu beheben. Ein paarmal wurden Möbel beim Transport beschädigt. Mich reizt es dann jedesmal, sie wieder in den Originalzustand zu versetzen.

Der Besitzer einer meiner Schaukelstühle rief mich einmal ganz aufgeregt an. Er hatte anscheinend einen jungen Hund aufgelesen, der sofort begeistert angefangen hatte, das Ende der Kufen anzuknabbern. Ich bedankte mich für den Anruf, beruhigte ihn, holte den Stuhl ab, reparierte ihn und brachte ihn wieder zurück. Er sah ihn sich an und sagte, er könne gar nicht sagen, welche Kufe kaputt gewesen und repariert worden sei.

Einige Wochen später rief er mich wieder an. Der Hund hatte sein Spielchen wiederholt. Er sagte aber, er wäre nicht sehr besorgt, weil er ja wisse, ich könne den Stuhl wieder reparieren. Ich wußte nicht, was ich darauf sagen sollte. Beim erstenmal hatte ich von jeder Kufe fünf Zentimeter abgesägt. Das konnte ich nicht noch einmal machen. Schließlich entschied ich mich dafür, die frisch angenagte Kufe völlig zu ersetzen. Ich hatte in den letzten Jahren so wenige Reparaturen, daß ich mich an jede ganz genau erinnere.

Ein anderer Fall war ein Schaukelstuhl aus Eiche. Der Besitzer rief mich nach zwei Jahren an und sagte, eine der Rückensprossen sei gebrochen. Ich sagte, er solle ihn mir schicken, ich würde die Transportgebühr hin und zurück übernehmen. Als der Stuhl ankam, sah ich sofort, daß der Besitzer an mehr als nur an die Reparatur der Sprosse gedacht hatte. Auf dem Stuhl klebten überall kleine Zettelchen, die auf Kratzer oder kleine Dellen hinwiesen. Diese Macken waren zum Teil so winzig, daß ich ein Vergrößerungsglas brauchte, um sie zu erkennen. Ich wollte die gebrochene Sprosse durch eine neue ersetzen, weil aber die Farbe und die Maserung der neuen nicht zu den anderen sechs paßte, ersetzte ich alle sieben. Dann überholte ich den ganzen Stuhl und schickte ihn zurück. Von dem Kunden hörte ich nichts. Als ich später mal zufällig in seine Stadt kam und ihn anrief, beklagte er sich, daß auf der Unterseite des oberen Querbretts, da wo ich einen kleinen Flicken von etwa drei Millimetern gesetzt hatte, die Farbe nicht recht stimmen würde. Ich versicherte ihm, daß nichts meine Werkstatt verlassen würde, wenn ich nicht damit zufrieden sei. Das beruhigte ihn schließlich.

Ungefähr 95 Prozent meiner Möbel sind aus amerikanischem Nußbaum. Ich verarbeite aber auch andere Holzarten. Ich nehme Ostindischen und Rio-Palisander, Teak und englische Eiche. Wenn ein Kunde es wünscht, verwende ich gelegentlich auch amerikanische Weißeiche, Kirsche oder Eibe. Nußbaum ist mir jedoch wegen seiner schönen Maserung und seiner guten Verarbeitbarkeit am liebsten. Farbe und Maserung passen ideal zu meinen Entwürfen. Es ist ein gnädiges und verzeihendes Holz; Rio-Palisander dagegen ist hart, dicht und nachtragend. Bei Palisander muß alles absolut exakt sein, während Nußbaum immer ein wenig nachgibt, biegsamer ist.

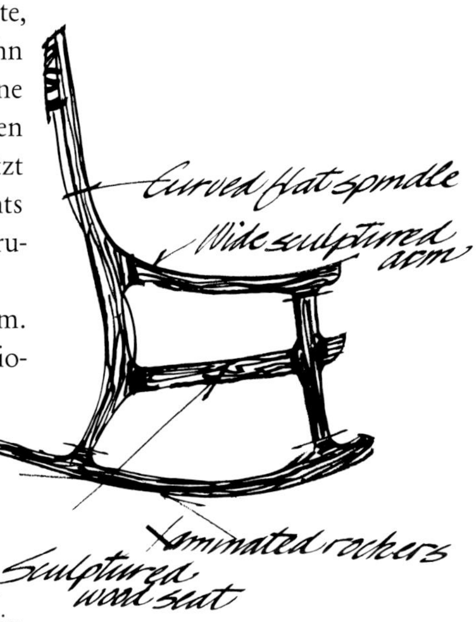

Einst wuchs der Nußbaum überall in den Vereinigten Staaten. Heute stammt er vor allem aus einem Landschaftsgürtel, der sich von Wisconsin durch Indiana und Ohio bis hinunter zu den Ozarks zieht. Ich habe in North Carolina und Kentucky wunderschöne Appalachen-Nußbäume stehen sehen. Man sagte mir aber, die Lieferungen an den Handel würden ständig abnehmen. Wahrscheinlich verbraucht eine kleine Möbelfabrik an einem Tag mehr Nußbaum als ich in meinem ganzen Leben.

Der Großteil meines Nußbaums kommt aus Indiana. Der Nußbaum aus Indiana ist sehr dicht und schwer. Kalifornischer Nußbaum ist etwas weniger dicht als der Nußbaum aus dem Osten und sehr schön gemasert. Ich habe Bretter davon, die bis zu 1,50 Meter breit und 3,60 Meter lang sind. Diese breiten Bohlen werde ich irgendwann einmal für Tischplatten verwenden.

Vor einigen Jahren besuchte ich George Nakashima in New Hope, Pennsylvania. George erkundigte sich nach meinem Holzlager.

Ich prahlte: „Du solltest mal meine Eichenbretter sehen, die ich in England gekauft habe. Die sind einfach herrlich. Und ich habe ein paar wunderschöne Nußbaumbohlen.“

„Hast du schon mein Holzlager gesehen?“ fragte er. „Ich zeige es dir.“

Wir gingen in ein riesiges Lager, in dem ein Brett am anderen an der Wand lehnte und ganze Stämme aufgestapelt herumlagen. Ich war platt, ich hatte noch nie so viel schönes Holz auf einmal gesehen.

Ich kaufe meinen kalifornischen Nußbaum unbehandelt, d. h. er ist weder luft- noch kammergetrocknet. Ich setze ihn auf Stapelleisten und lasse ihn lufttrocknen. Bei dieser natürlichen Trocknung rechnet man ungefähr ein halbes Jahr pro Zentimeter Stärke.

Mein Freund Jerry Glaser, ein Ingenieur und sehr guter Drechsler, fährt einmal im Jahr nach England und Deutschland, um Holz einzukaufen. Wenn er einen Stamm findet, von dem er glaubt, er würde mir gefallen, dann kauft er ihn für mich. Er macht das auch für andere Schreiner.

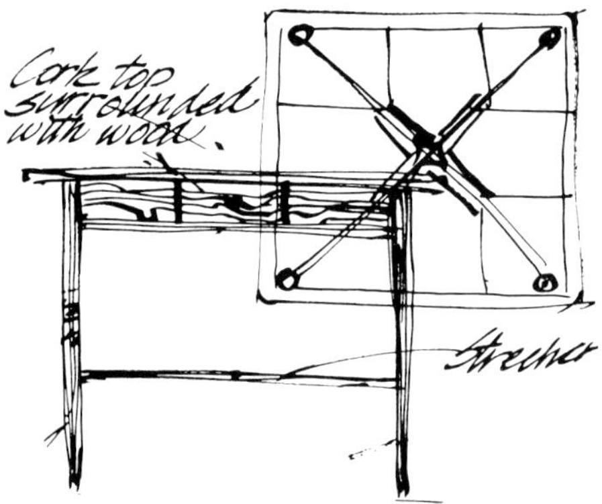

Vor nicht allzu langer Zeit verkaufte er mir einen Stamm englischer Weißeiche, der voller Maserknollen war. Ich habe auch zwei wunderschöne Eibenbohlen gekauft. Sie waren kaum hier angekommen, als ein Kunde schon nach einem Tisch aus Eibe fragte. Die Färbung ist ganz außergewöhnlich: rosa, blau, grün, rot, gelb und braun. Sie sieht aus wie ein Regenbogen. Das Holz trocknet noch. Ich hoffe, daß es diese Farben beibehalten wird, wenn es trocken ist, ich bin mir aber nicht sicher. Ich arbeite mit Ostindischem und mit Rio-Palisander, mit letzterem am liebsten. 1983 habe ich sechs Schaukelstühle aus Rio-Palisander gebaut. Ein paar davon sind aus dem schönsten Rio-Palisander, das ich je gesehen habe. Ich habe schon oft gesagt, daß Rio-Palisander eine sehr starke Ausstrahlung hat und daß ich es nicht mag, wenn in einem Raum mehr als ein Möbel aus Rio-Palisander ist. Dann erhielt ich einen Auftrag über 47 Möbel aus Rio-Palisander für ein Haus. Über die Arbeit an diesen Möbeln wurde ein Film gedreht.

Kurz nachdem diese 47 Möbel fertig und ausgeliefert waren, wurde der Film im Fernsehen gezeigt. Kaum war der Film zu Ende, rief mich meine Kundin an. Sie sagte, der Film hätte ihr schon gefallen, sie sei aber erstaunt über meine Bemerkung über den dominierenden Charakter von Rio-Palisander. Ihr Haus wäre doch jetzt voll mit Rio-Palisander. Ich mußte ihr erklären, daß ich diese Bemerkung gemacht hatte, bevor ich die Möbel in ihrem Haus verteilt gesehen hatte. Wäre der Film erst dann gedreht worden, hätte ich genau das Gegenteil behauptet. Und trotzdem glaube ich nicht, daß ich noch einmal so viele Stücke aus Rio-Palisander bauen werde. Denn das Holz ist rar geworden. Es ist sehr schwer in der Qualität zu bekommen, die ich haben will, und es ist sehr teuer. Dazu kommt, daß ich auf den Schleifstaub von Rio-Palisander allergisch reagiere, ich fange an zu niesen.

Wenn man mich fragt, welche Holzarten ich verarbeite, dann kommt immer das Tropenholzthema zur Sprache. Der Ostindische und der Rio-Palisander sind tatsächlich die einzigen Tropenhölzer, die ich verwende. Teak zähle ich nicht zu den Exoten, obwohl es importiert wird. (Teak wird heute tatsächlich in Plantagen angebaut, also nicht im Raubbau geschlagen. Es zählt aber letztlich doch zu den Tropenholzarten. A. d. Ü.) Amerikanischer Nußbaum, Weißeiche und Kirschbaum sind einheimische Holzarten, die sich für meine Arbeit hervorragend eignen. Die besondere Schönheit der letzten beiden Holzarten wird durch meine natürliche Oberflächenbehandlung noch gesteigert.

Einige Schreiner arbeiten gerne mit einer Vielzahl von Holzarten. Meine Palette ist recht bescheiden. Ich verwende nicht gerne zwei Holzarten an einem Möbel, und ich benütze keinerlei Metallbeschläge oder andere Werkstoffe zur Zierde. Für Griffe, Dübel, Keile oder kleine Einlagen nehme ich manchmal ein Stückchen Palisander oder Ebenholz, um das Detail zu betonen.

Ich verwende kein Elfenbein. Ich habe auch einen sehr guten Ersatz dafür. Besucher meines Hauses und meiner Werkstatt, die inmitten eines Zitronenhains liegt, fragen mich natürlich immer, ob ich denn das Zitronenholz zum Möbelbauen verwenden würde. Ich baue keine ganzen Möbel aus Zitronen-

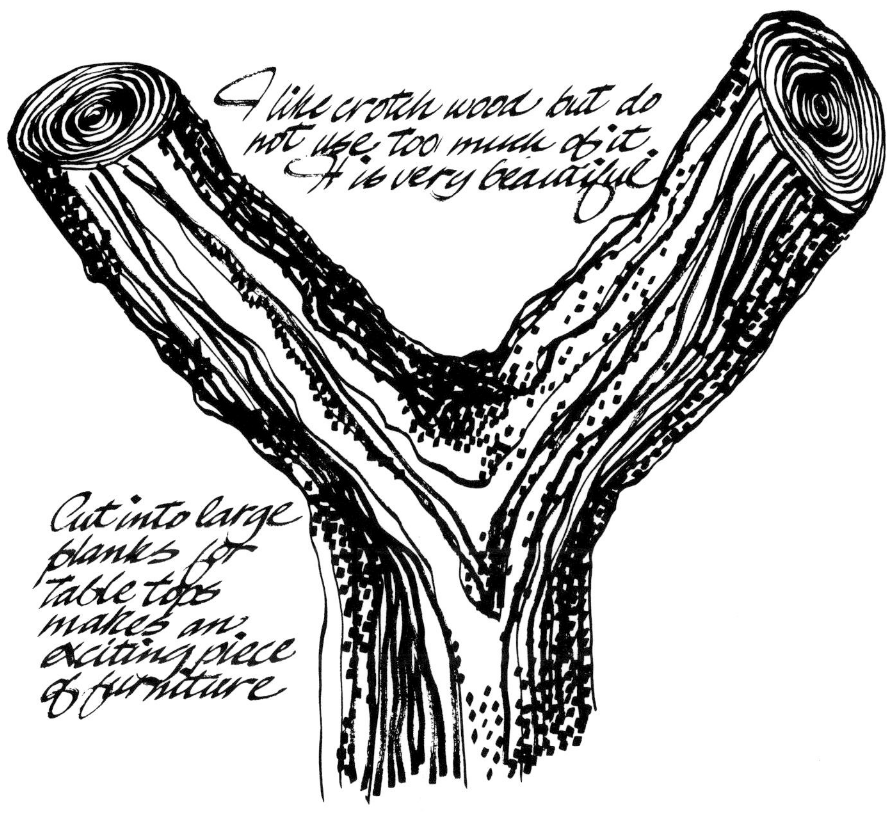

holz, aber ich setze es dekorativ ein, wie man auch Elfenbein verwenden würde. Wenn Zitronenholz verrottet, d. h. wenn ein toter Stamm längere Zeit Wind und Wetter ausgesetzt ist, dann sieht es aus wie altes Elfenbein.

Die Einlegerahmen für die gepolsterten Stühle und Sessel fertige ich aus Weichholz. Dazu nehme ich meistens Platane oder Pappel. Darin halten die Polsternägel gut. Und natürlich ist Weichholz billiger. Pappel kann eine wunderschöne Färbung haben.

Wenn ich solch ein schönes Stück entdecke, lege ich es zur Seite, bis ich genügend Bretter zusammen habe. Dann mache ich daraus eine Tischplatte oder ein Schränkchen. Ich hatte schon mal Pappel mit ganz bunten Farbschattierungen.

Auch wenn ich ein schönes Zwieselstück finde, hebe ich es auf. Später kombiniere ich es dann mit anderen Stücken zu einer Tischplatte.

Als ich anfing, Möbel zu bauen, verbrachte ich viel Zeit damit, mir bei den Holzhändlern das Holz anzusehen und auszusuchen. Nußbaum erschien mir damals sehr teuer, und es widerstrebte mir jedesmal, das Splintholz abzusägen. Außerdem mochte ich den Kontrast zwischen dem weißen Splint und dem dunklen Kernholz. Von Anfang an habe ich Splintholz in meine Arbeiten integriert, oft sogar schon im Entwurf. Ich lasse es nur dann weg, wenn mich ein Kunde ausdrücklich darum bittet.

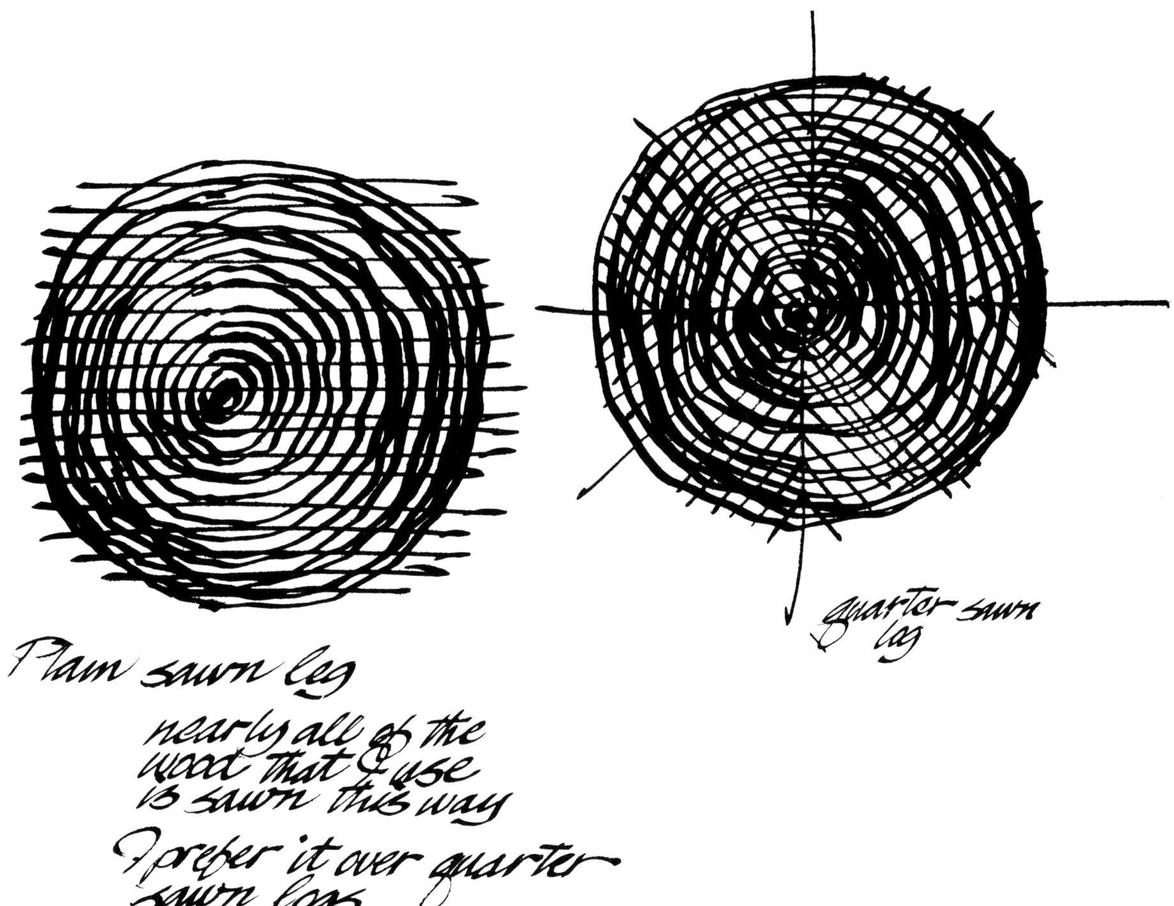

Als ich vor einiger Zeit einen Büroschreibtisch auslieferte, waren in dem Büro ein paar alte Schreiner damit beschäftigt, Schränke einzubauen. Sie kamen rüber, um sich den Tisch anzusehen. Sie bewunderten zwar den Tisch, waren aber völlig entsetzt darüber, daß ich Splint verarbeitete.

„Sie hätten eine Abtönbeize nehmen können, damit die Oberfläche einheitlich aussieht", meinte der eine.

„Das hätte aber das Maserbild zerstört", erwiderte ich.

„Aber nein!" war die Antwort. „Es hätte es viel schöner gemacht."

Es gibt immer noch Vorurteile gegen das Splintholz, aber ich verwende es gerne, solange es gesund ist. (Da es aus der Wachstumszone eines Baumes stammt, kann Splintholz manchmal recht weich sein.)

Bei der Holzauswahl für ein bestimmtes Möbelstück mische ich nie Bretter unterschiedlicher Stammeinschnitte, kombiniere also nicht Bretter aus einem Scharfschnitt mit Brettern aus einem Prismen- oder Riftschnitt. Letzteres verwende ich sowieso kaum, weil es durch die vorwiegend stehenden Jahresringe schlicht gemasert ist, und das paßt nicht zu meinen Möbeln.

Jeder Schreiner hat bei der Holzauswahl und -zusammenstellung bestimmte Vorlieben. Wenn ich das Holz für eine Tischplatte oder einen Schrank aussuche, dann verlasse ich mich dabei völlig auf meine Erfahrung, mein Gefühl, meine Eingebung, mein Herz und mein Auge. Ich treffe meine Wahl mehr aus dem Bauch als mit dem Kopf. Ich habe in meinem Holzlager immer Holz verschiedener Güteklassen.

Zu Anfang habe ich immer Holz der Güteklasse 1 und 2 eingekauft. Es hat mich dann aber gestört, daß ich völlig astfreies Holz für Stuhlsitze aufsägte. Wenig später wagte ich es und kaufte 28 Kubikmeter Nußbaum der Güteklasse 3. In dem Stapel fanden sich ein paar sehr schöne Zwieselbretter, von denen einige 45 cm breit waren. Das Holz war wohl wegen einiger kleiner Längsrisse niedriger eingestuft worden. Nach dem Abrichten habe ich die Längsrisse mit etwas Epoxydharzleim und Sägemehl ausgefüllt. Es wurden die schönsten Tischplatten aus Nußbaum, die ich je hatte. Nach dieser Erfahrung kaufte ich öfter Holz geringerer Güte, weil mich auch ein paar Äste nicht stören.

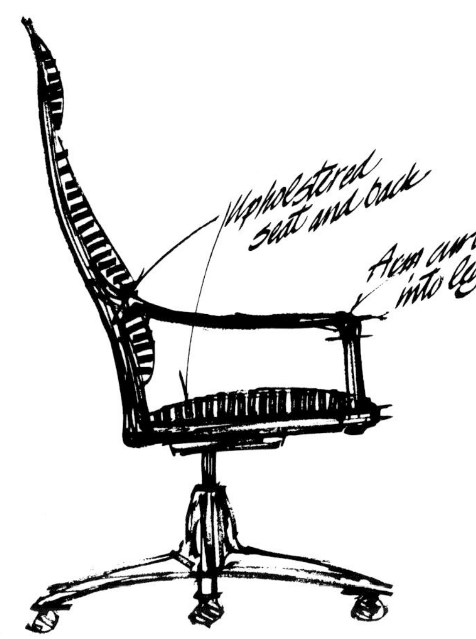

Der Unterschied zwischen den einzelnen Güteklassen beruht auf der Art und Anzahl der Äste, Risse, Krümmungen und anderer Mängel. Güteklasse 1 hat also, zum Beispiel, fast überhaupt keine Äste. Wenn Sie einen ganzen Stamm kaufen und ihn aufschneiden lassen, dann wird das „Schnittholz" genannt. Solch ein Stamm kann natürlich alle Güteklassen beinhalten. Wenn man Glück hat, erwischt man einen mit Brettern hoher Güteklassen. Ich finde, daß die Güteklasse 3 wegen der Äste eine besonders interessante Maserung hat. Richtig eingesetzt, können daraus wunderschöne Möbel werden.

Ich habe vier Schuppen, in denen ich mein Schnittholz lagere. Ein Teil davon wird luftgetrocknet. Aber der größere Teil meiner Bretter und Bohlen ist kammergetrocknet und gedämpft. Wenn Schreiner zusammensitzen, dreht sich das Gespräch immer um drei Themen: Leime, Oberflächenbehandlung und Holztrocknung. Vor allem bei dem Thema künstliche oder natürliche Holztrocknung gehen die Ansichten weit auseinander. Ich persönlich ziehe kammergetrockneten Nußbaum vor. Aber das ist meine ganz persönliche Meinung, die ich nicht zum Maßstab erheben will. Ich besitze und verwende aber auch luftgetrockneten Nußbaum.

Ich habe gehört, daß das Dämpfen und künstliche Trocknen das Holz und vor allem seinen Farbton verändert, während es bei der Lufttrocknung seine natürliche Farbe behält. Das stimmt auch. Ich mag aber gerade diese graubraune Farbe des Nußbaums, die durch das Dämpfen und Trocknen entsteht. Ich bin aber nicht der Meinung, daß sich die Qualität des Holzes dabei verschlechtert. Und im übrigen: Auch eine Oberflächenbehandlung verändert den ursprünglichen Holzton! Ich habe schon künstlich und natürlich getrocknetes Holz in einem Möbelstück verarbeitet. Als das Möbel fertig war, konnte man den Unterschied nicht mehr erkennen.

Es wird viel Wind um das Mystische des Holzes gemacht. Ich habe oft erklärt, daß ein Baum weiterlebt, wenn er gefällt und aufgesägt wird. Ich hätte vielleicht hinzufügen sollen, daß er lebt, weil Menschen ihn weiterverarbeiten. Mit dieser Mystik des Holzes ist eine Menge romantischer Unsinn verbunden. Ich will gar nicht leugnen, daß Holz etwas Geheimnisvolles hat. Ton, Metall und Stoff haben das auch, nur besitzt keines dieser Materialien die Schönheit eines Bau-

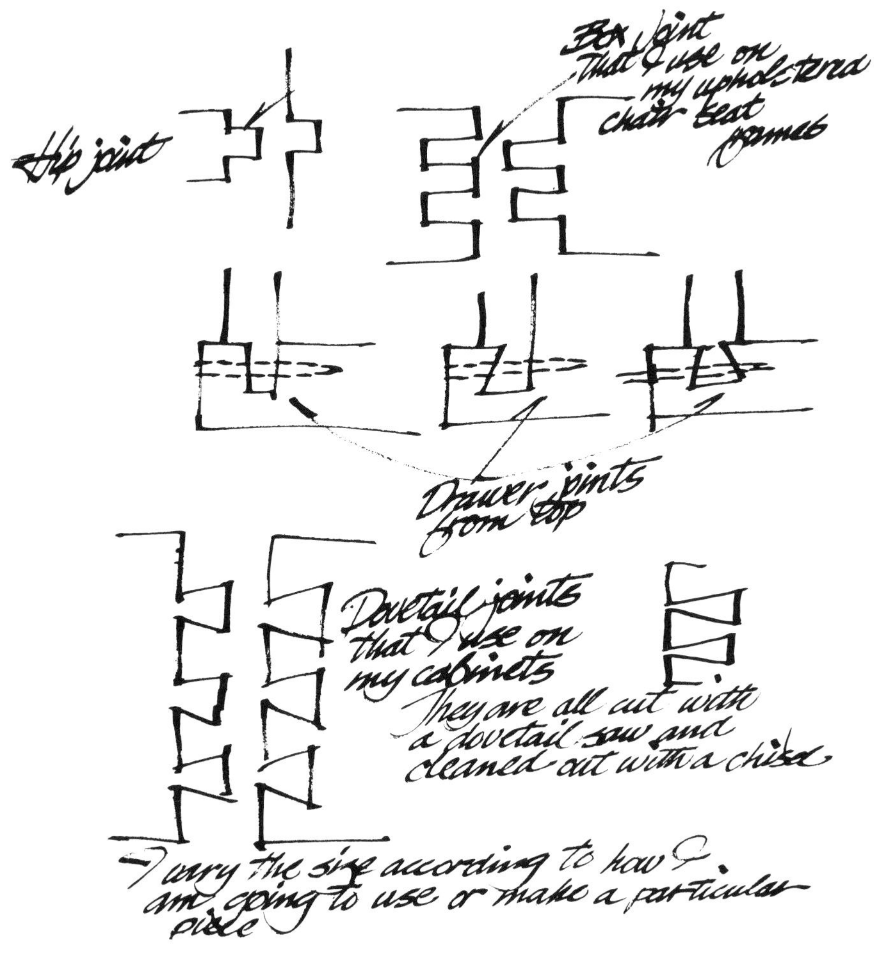

mes oder eines daraus geschnittenen Bretts. Manche Schreiner meinen, man sollte über ein Stück Holz nachsinnen und es erzählen lassen, wie es verwendet werden will. Das ist schön und gut, aber Zeit ist kostbar. Es gibt so viele Möbel, die ich im Kopf bereits geplant habe, und es wird bei mir noch so viel Holz geben, daß ich einfach keine Zeit für ein gemütliches Gespräch mit einem einzigen Stück habe. Meine Kommunikation mit Holz beschränkt sich heute auf das Wesentliche. Ich habe so viel Zwiesprache gehalten, daß ich heute eine Art Stenographie benützen kann.

Ich habe zu Holz wirklich eine sehr enge Beziehung. Die Holzstücke, die einmal Möbel werden sollen, werden von mir mit einer Mischung aus gesundem Menschenverstand und Liebe ausgewählt. Und ich sehe keinen Grund, warum dieser Vorgang besonders langwierig und mühsam sein sollte. Obwohl ich mit

Holz so etwas wie eine Liebesbeziehung habe, gibt es in meinem Leben auch noch andere Dinge, die mir wichtiger sind: Meine Familie und meine Freunde.

Holz arbeitet manchmal ganz erstaunlich. Ich bin schon von Nachbarn angerufen worden, weil deren uralter Tisch jetzt plötzlich gerissen war. Wie soll man das reparieren? Meine Antwort ist immer: „Nicht anfassen! Kein Öl oder ähnliches daraufun! Der Riß wird sich schließlich von alleine zurückentwikkeln und wieder schließen." In den meisten Fällen schließt sich der Spalt wirklich wieder, und doch bleibt ein sichtbarer Riß zurück. Die Alternative wäre, die Tischplatte abzunehmen, sie aufzutrennen, damit der Riß wegfällt, und das Ganze neu zu verleimen. Das verändert aber die Größe der Tischplatte, außer man fügt wieder ein Brett dazu.

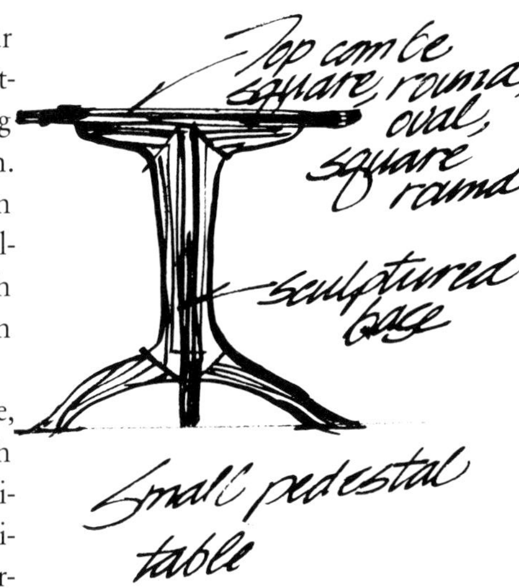

Ich erwähne, daß auch altes Holz noch arbeitet, weil das so oft als Beispiel für die Lebendigkeit von Holz angeführt wird. Viele Menschen nehmen das wörtlich und sprechen dann in bezug auf Öle, Polituren und Wachs von „Nahrung für das Holz". Das ist eine recht poetische Vorstellung, aber ziemlich albern. Möbel aus Holz dürfen nicht ständig mit Öl getränkt werden, weil das ein Schwinden und Quellen und noch andere Probleme bewirken kann. Auch bildet das überschüssige Öl mit der Zeit eine klebrige, häßliche Schicht. Auch wenn ein paar Leute darauf bestehen, daß man dem Holz „Nahrung" geben muß, es stimmt einfach nicht.

Meine Möbel werden mindestens sechsmal mit Öl eingelassen. Ich empfehle, die Oberfläche meiner Stühle einmal im Jahr mit der Mischung, die ich benütze, abzureiben. Tischplatten und Schränke sollte man mindestens zweimal pro Jahr mit einem feuchten Tuch und ein wenig Geschirrspülmittel reinigen und dann trocken abreiben. Danach werden sie leicht eingeölt, das überschüssige Öl aber wieder entfernt. Es ist immer wieder erstaunlich, wieviel Schmutz mit der Zeit auf großen waagrechten Flächen wie Tischplatten und Schränken klebt. Würde man solche Flächen nicht vorher reinigen, würde man beim Ölen den Schmutz in die Poren hineinreiben.

Die folgende kleine Geschichte ist ein typisches Beispiel für die Pflege meiner Möbel. Einige Monate, nachdem ich ein Schränkchen für einen Kunden in Los Angeles gebaut hatte, erhielt ich einen Anruf, ob ich bitte kommen und es mir ansehen könnte. Gründe wurden keine genannt. Als ich ankam, erschien mir zunächst alles in Ordnung. Erst bei näherem Hinsehen merkte ich, was los war. Der Hausherr hatte voll guter Absicht jede Woche Leinöl aufgetragen, innen und außen, ohne es jedoch wieder abzureiben. Das Ergebnis war eine schreckliche Schweinerei, eine dicke, klebrige Schicht auf der Oberfläche. Ich transportierte das Schränkchen zurück in meine Werkstatt und arbeitete fast eine Woche daran, es wieder sauberzubekommen.

An dieser Stelle möchte ich etwas zur Oberflächenbehandlung sagen. Vor der Oberflächenbehandlung, aber nach der Formgebung, wird das Möbel ausgekittet (falls nötig) und geschliffen. Der Kitt besteht aus feinem Sägemehl mit Epoxydharzleim vermischt. Es wird zuerst mit 100er-, dann mit 150er- und schließlich mit 280er-Schleifpapier geschliffen. Danach wird das Möbel mit ganz feiner Stahlwolle (0000) abgezogen.

Als ich mit dem Möbelbauen anfing, lackierte ich meine Möbel. Ich trug damals bis zu zehn Schichten Klarlack auf. Zuerst kam ein Schleifgrund, der nach dem Trocknen zwischengeschliffen wurde. Dann eine zweite Schicht Schleifgrund, wieder mit Zwischenschliff. Dann wurde der Klarlack aufgespritzt und nach dem Trocknen naß geschliffen. Diese Prozedur wiederholte sich insgesamt zehnmal. Die letzte Schicht wurde dann mit Bimsmehl und schließlich mit Stinkkalk abgerieben. Das Ergebnis war eine schöne Oberfläche. Wir haben heute noch ein Möbel aus jener Zeit. Damals waren alle sehr

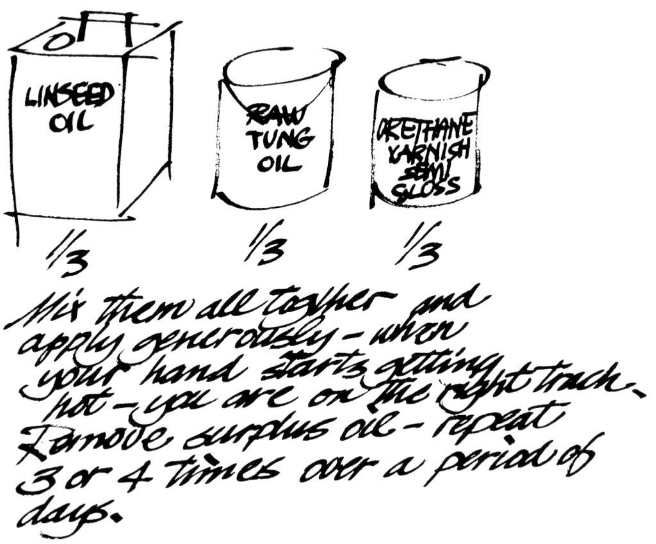

beeindruckt von dieser Oberfläche und entzückt darüber, daß sie wie Kunststoff aussah. Ich beschloß auf der Stelle, keinen Lack mehr zu verwenden, und benutze auch keines der im Handel angebotenen Oberflächenprodukte.

Nachdem ich mit verschiedenen Mitteln und Mixturen herumexperimentiert hatte, landete ich schließlich bei der Doppelmischung, die ich heute verwende. Sie besteht aus Urethanlack, rohem Tungöl, gekochtem Leinöl und reinem Bienenwachs. Die letzten drei Zutaten werden schon seit Jahrhunderten zur Oberflächenbehandlung verwendet. Ich kenne keine Oberflächenbearbeitung, die einem Stück einen wärmeren und angenehmeren Charakter verleiht. Die erste Mischung besteht aus gleichen Teilen Urethanlack (halbmatt), rohem Tungöl und gekochtem Leinöl. Im Leinöl ist genug Trockenmittel, um auch das Tungöl zu aktivieren. Diese Mischung wird auf das rohe, geschliffene Holz dreimal im Abstand von einem Tag aufgebracht. (Der Urethanlack hilft, Wasserflecken zu vermeiden.)

Die zweite Mischung besteht aus gleichen Teilen rohem Tungöl und gekochtem Leinöl, dem ich noch zerkleinertes Bienenwachs beifüge. Weil ich das Bienenwachs nach Gefühl dazugebe, ähnlich wie ein Koch eine Soße abschmeckt, muß der Leser, der meine Methode ausprobieren möchte, etwas experimentieren. Das Endergebnis ist eine Mischung mit der Konsistenz dicker Sahne. Die Ölmischung wird erwärmt, um das Bienenwachs hineinzuschmelzen. Am sichersten geschieht das in einem Wasserbad auf einer Elektroplatte. *VERWENDEN SIE NIEMALS OFFENES FEUER.* Leinöl hat einen sehr niedrigen Flammpunkt. Seien Sie vorsichtig! Erwärmen Sie das Öl nur so weit, bis das Bienenwachs schmilzt. Das Öl und das Wachs verbinden sich schnell zu einer homogenen Masse. Diese fülle ich dann in einen Kanister ab. Es ist nicht nötig, sie wieder zu erwärmen, ich trage sie kalt auf die Holzoberfläche auf. Rühren Sie sie vor dem Auftragen aber gut um. Man kann diese Mischung sehr lange lagern; ich weiß nicht genau wie lange, weil ich sie ständig verbrauche und neu ansetze. Diese zweite Mischung trage ich mindestens dreimal auf. Sie wird mit Stofflappen und auch direkt mit den Händen kräftig in das Holz

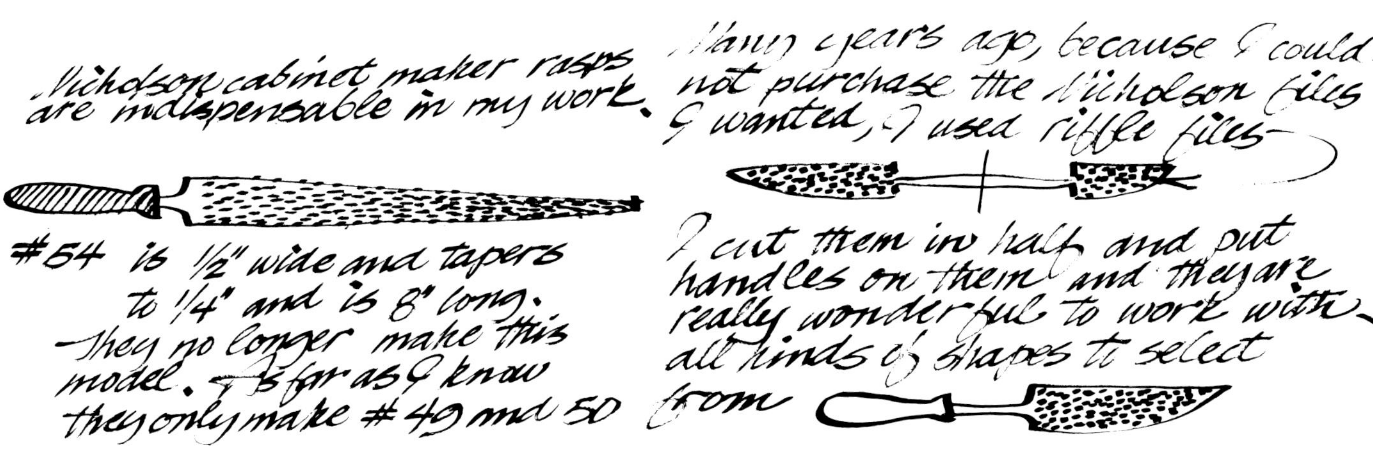

hineingerieben. Wenn die Hände dabei richtig heiß werden, weiß ich, daß ich es richtig mache. Achtung! Die mit dieser Mischung getränkten Stofflappen können sich von selbst entzünden! Ich trockne sie und bewahre sie in einem dichtgeschlossenen Gefäß auf.

Einer der wichtigsten Aspekte einer Oberflächenbehandlung ist der, daß sie dazu einladen soll, die Holzoberfläche zu berühren, darüberzustreichen und sich daran zu erfreuen. Möbel sollen benützt werden! „Bitte Platz nehmen!" nannte das Museum of Fine Arts in Boston eine Ausstellung meiner Möbel. Ebenso einladend wie so ein Schild sollte auch eine gute Oberfläche wirken.

Als ich einst in einer Garage anfing, Möbel zu bauen, besaß ich nur die nötigsten Werkzeuge: Einen Hammer, eine Handsäge, einen Schlichthobel, ein paar Stecheisen, einen Winkel, aber keine einzige Maschine. Schließlich lieh mir mein Freund Harold Graham, der Designer, eine alte Tischkreissäge mit einem schwenkbaren Tisch, aber feststehendem Sägeblatt. Mit dieser Maschine habe ich eine Menge Möbel gebaut. Meinen ersten großen Auftrag habe ich nur mit den Handwerkszeugen und jener Säge bewältigt. Sobald ich es mir leisten konnte, kaufte ich mir weiteres Werkzeug. Rückblickend betrachtet, war es das beste, was mir passieren konnte. Ich lernte so mit Handwerkszeugen umzugehen. Heute nach 35 Jahren habe ich immer noch nicht ausgelernt.

Die erste Maschine, die ich mir kaufte, war eine kleine Tischkreissäge. Dann erwarb ich eine Abrichte, eine Bandsäge, eine Ständerbohrmaschine, eine Drehbank und schließlich eine kleine Dicktenhobelmaschine. Beim Kauf der Maschinen habe ich mich niemals verschuldet, sondern sie erst dann gekauft, wenn ich sie auch bezahlen konnte. Bis heute halte ich mich an diese Maxime, möglichst keine Schulden zu machen und mich finanziell nicht zu übernehmen.

In den letzten Jahren habe ich ein paarmal das eine oder andere Werkzeug ausgemustert und es durch ein besseres ersetzt. Ich bin heute recht gut ausgestattet. Manchmal jedoch, wenn ein neues Werkzeug auf den Markt kommt, werde ich in Versuchung geführt. Das geht, glaube ich, allen Schreinern so.

Vor vielen Jahren fand ich in Seattle wunderschöne japanische Sägen und kaufte mir von jeder Sorte eine. Ich habe keine einzige davon je benützt, aber ich genieße ihren Anblick und nehme sie hin und wieder gerne in die Hand. Später erstand ich noch zwei japanische Sägen, die ich aber wirklich gebrauchen kann. Ich muß leider zugeben, daß ich mir manchmal für einen ganz bestimmten Zweck ein Werkzeug kaufe und es dann weglege und vergesse, daß ich es überhaupt habe. Ich besitze mehrere Sätze japanischer Stecheisen, die ich gar nicht benütze, weil meine alten noch ganz in Ordnung sind. Und man gewöhnt sich tatsächlich an bestimmte Werkzeuge; sie werden zu richtig guten Freunden.

Wenn mich junge Schreiner fragen, welche Werkzeuge sie kaufen sollen, dann empfehle ich immer die allerbesten, auch wenn sie sich von diesen immer nur eines auf einmal kaufen können. Ich sage immer: „Man soll das Werkzeug kaufen, das einem gut in der Hand liegt."

Ich habe eine Schwäche für Hämmer, aber ich habe noch nie einen Hammer gefunden, dessen Stiel mir gut in der Hand lag. Bei meinem Lieblingshammer habe ich den Stiel umgeformt, damit er gut in meiner Hand liegt.

Nachdem ich mir einige schwere Maschinen zugelegt hatte, begann ich damit, mir Handmaschinen zu kaufen, zuerst eine Handbohrmaschine und dann eine Bandschleifmaschine.

Ursprünglich hatte ich für das Aushöhlen der Sitzflächen meiner Stühle ein großes Hohleisen und einen Schreinerknüpfel genommen und die Fläche dann mit Ziehklinge und Schleifpapier geglättet. Das war recht zeitaufwendig, also kaufte ich mir eine große Tellerschleifmaschine und nahm Papier mit Körnung 16! Das beißt das Holz förmlich heraus. Die Form wird dann mit einer kleineren Tellerschleife und feinerem Papier weiterbearbeitet.

Nachdem ich mir einen großen Druckluftkompressor zugelegt hatte, arbeitete ich auch viel mit Druckluftwerkzeugen. Die Reparaturanfälligkeit ist, verglichen mit elektrischen Handmaschinen, wesentlich geringer.

Ich werde oft von Schreinern angegriffen, die von Handwerkszeug schwärmen und gegen Maschinen sind. Ich nehme ihnen das gar nicht übel. Was sie über Handwerkszeug sagen und meinen, mag durchaus richtig sein. Aber um genügend produzieren zu können, um dann davon leben zu können, muß ich einfach das Gerät nehmen, mit dem ich die Arbeit am rationellsten und am präzisesten ausführen kann.

Das gefährlichste Werkzeug ist ein stumpfes Werkzeug. Wenn, zum Beispiel, ein Stecheisen nicht scharf ist, dann neigt man dazu, es mit mehr Kraft zu führen. Es schneidet nicht nur schlecht, sondern erfordert auch noch mehr Anstrengung. Und damit steigt die Gefahr eines Fehlers. Das gilt auch für

Maschinen. Ein stumpfes Bandsägeblatt macht einfach einen schlechten Sägeschnitt. Man muß das Werkstück mit Gewalt in das Sägeblatt schieben. Das stumpfe Blatt verläuft viel schneller, produziert also keinen geraden Schnitt mehr. Und wieder ist die Gefahr eines Unfalls gegeben. Das sicherste Werkzeug ist einfach ein scharfes Werkzeug.

Auch Erschöpfung kann einem Schreiner zum Verhängnis werden. Ein müder Geist und ein müder Körper führen schnell zu Unfällen, vor allen Dingen bei Maschinen.

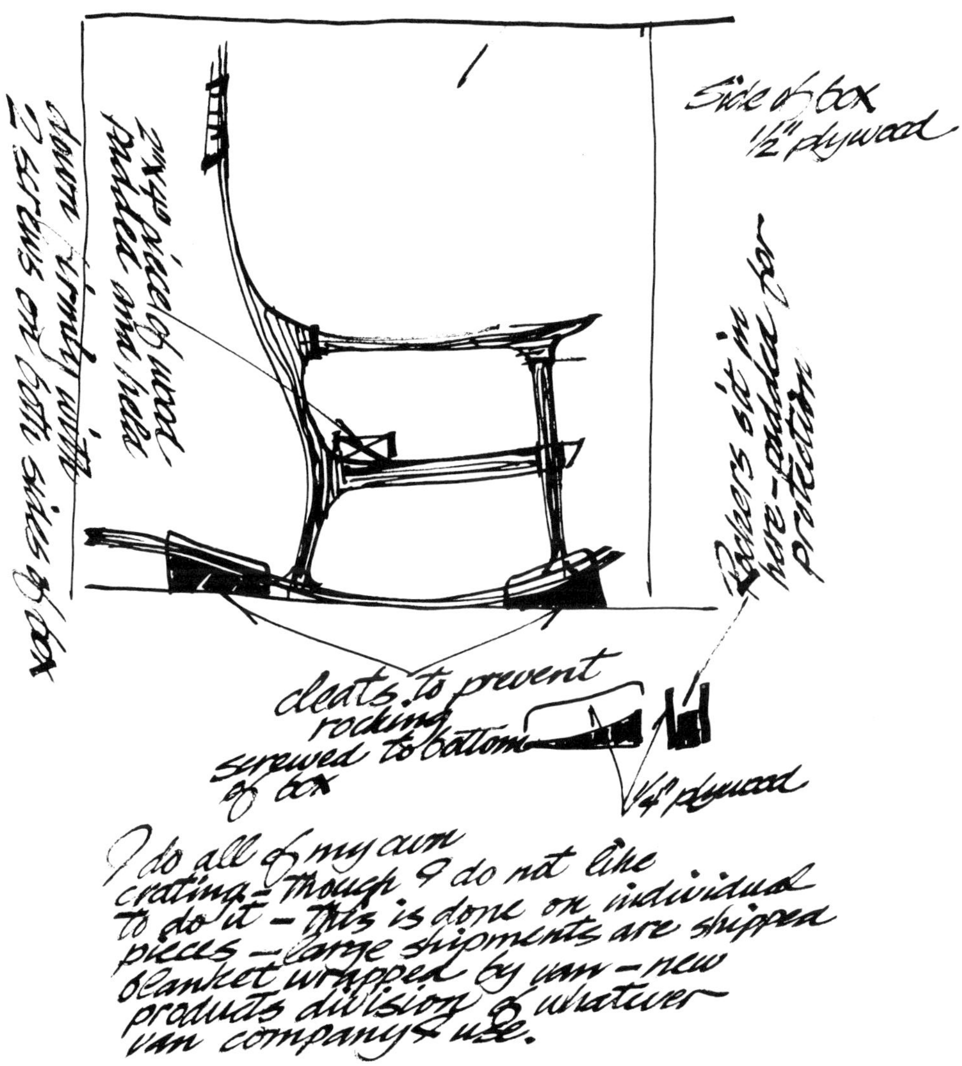

Ich bin sehr vorsichtig, was ich meinen Kunden bezüglich der Lieferzeit antworte. Meistens sage ich, daß es ein Jahr oder länger dauert. Ich versuche, mich nicht zu sehr festlegen zu lassen. Es gibt jedoch Ausnahmen. Babys, zum Beispiel, warten nicht. Und meistens lasse ich alles stehen und liegen, um eine bestellte Wiege zur rechten Zeit ausliefern zu können. Mein Auftragspolster ist inzwischen so angewachsen, daß selbst ein Jahr eine recht kurze Lieferzeit geworden ist.

Die Möbel, die ich baue, sind sehr unterschiedlich; es sind Möbel für Privathäuser, für Büros und für Kirchen. Und diese Vielfalt ist verlockend und befriedigend. Gleich, wieviel Arbeit ich habe und wieviel Druck ein Kunde auf mich ausübt, ich behalte mein Arbeitstempo bei. Kein einziges Möbelstück verläßt meine Werkstatt, für das ich mich schämen müßte.

Ich bin immer aufgeregt, wenn ich an einem meiner Möbelstücke arbeite. Es spielt keine Rolle, ob ich das gleiche Möbel schon mehrere Male gebaut habe. Und ich kann es morgens noch immer kaum erwarten, in meine Werkstatt zu kommen. Das trifft natürlich vor allem dann zu, wenn ich an einem Möbel arbeite, das ich noch nie gebaut habe. Ich werde oft gefragt, welches mein Lieblingsstück ist. Mein Lieblingsstück ist das, an dem ich gerade arbeite.

I sign all of my pieces like this.
Starting each new year with
#1
No. 1 1983
Sam Maloof f.A.C.C.
©
The intials after my name
designates:
Fellow American Craft Council

The two young men who work with
me are Mike Johnson and
Mike O'Neil – put their
intials on all of my pieces
like this M They are burned
in with a burning pen that
Bob Stocksdale made for me.

Ich finde jedes Werkzeug auf Anhieb, wenn richtig aufgeräumt ist. Oft ist es das nicht. Ich arbeite ziemlich beengt (siehe umseitig). Als ich die Werkstatt baute, kam sie mir riesig vor; heute erscheint sie mir gemütlich klein.

Knudsen
COTTAGE CHEESE

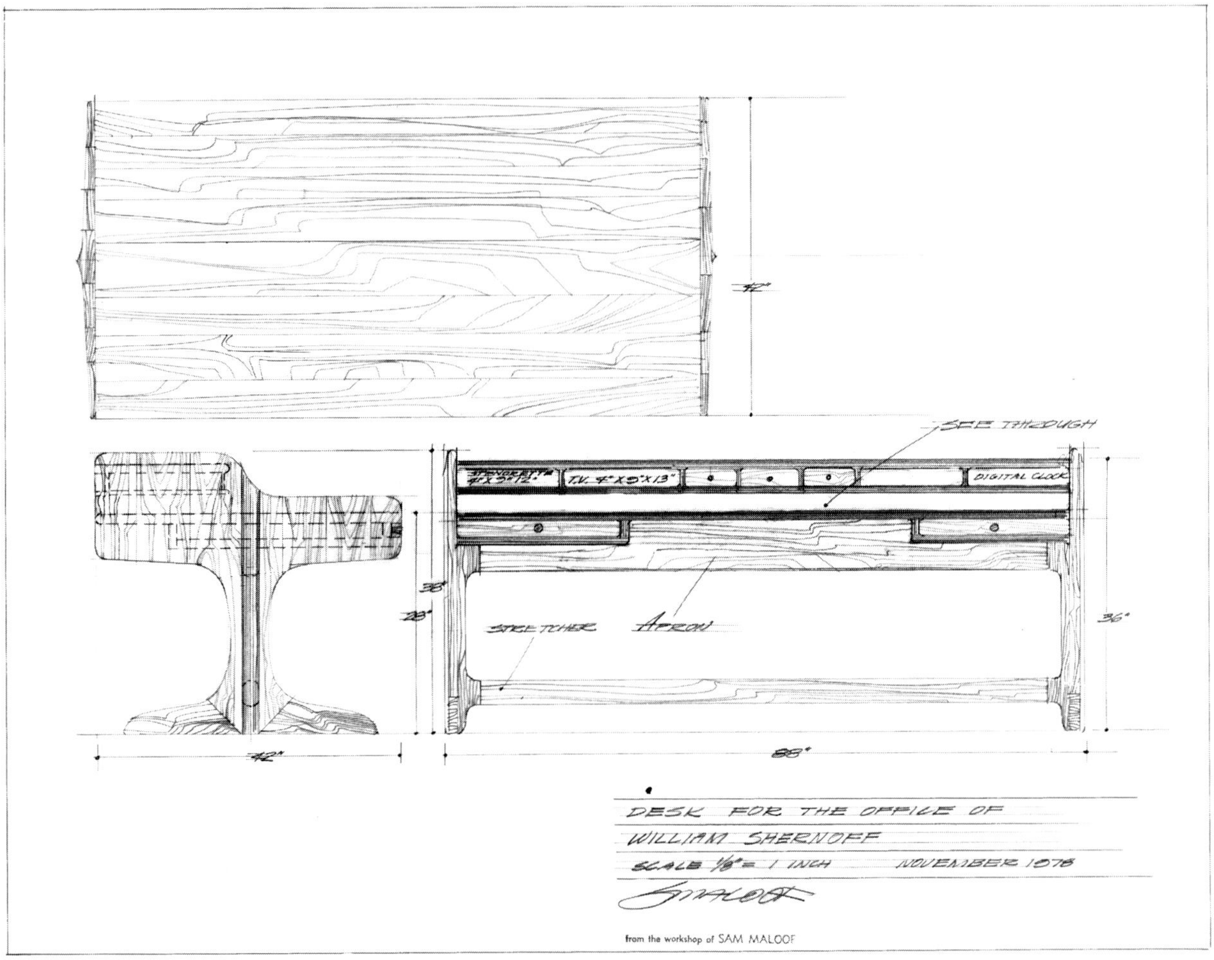
52"
SEE THROUGH
T.V. 4"X 5"X 13"
DIGITAL CLOCK
38"
28"
STRETCHER
APRON
36"
42"
86"
DESK FOR THE OFFICE OF
WILLIAM SHERNOFF
SCALE 1/8" = 1 INCH
NOVEMBER 1978
from the workshop of SAM MALOOF

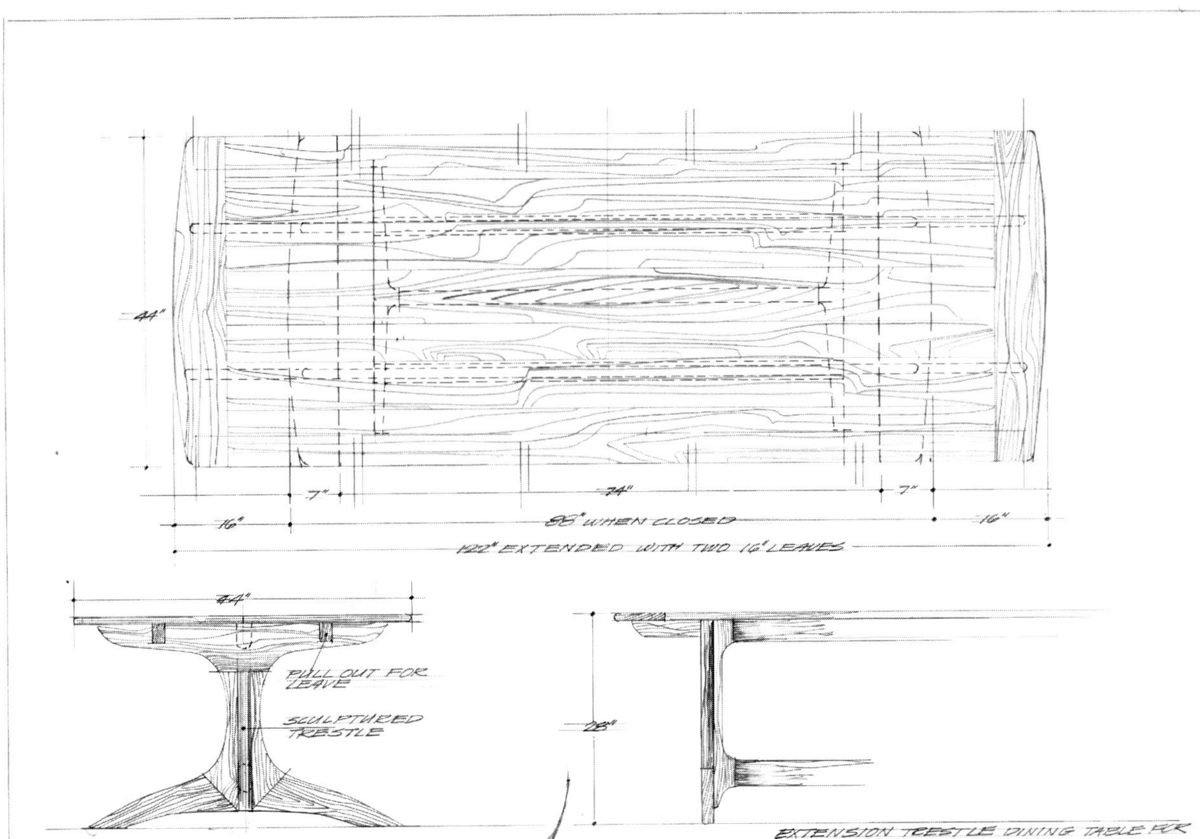
44"
7"
74"
7"
16"
86" WHEN CLOSED
16"
122" EXTENDED WITH TWO 16" LEAVES
44"
PULL OUT FOR LEAVE
SCULPTURED TRESTLE
28"
2 DINING CHAIRS W/ HIGH ARMS
8 DINING CHAIRS W/ LOW ARMS
CURVED FLAT SPINDLE
SCULPTURED WOOD SEAT
EXTENSION TRESTLE DINING TABLE FOR
MR. AND MRS. JOHN HOCKING
SCALE 1/8" = 1 INCH
NOVEMBER 1978
WALNUT/HAND RUBBED OIL FINISH

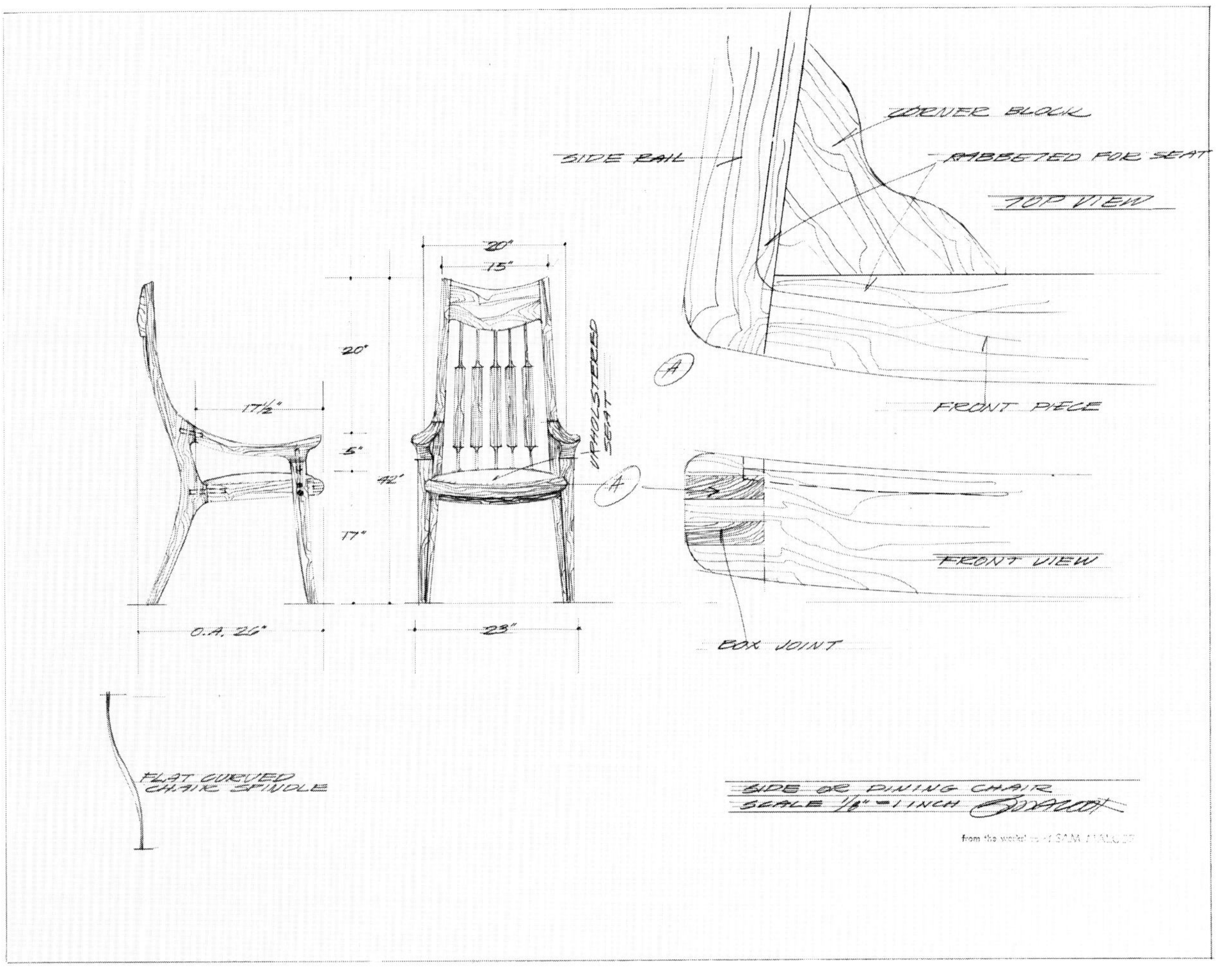
CORNER BLOCK
SIDE RAIL
RABBETED FOR SEAT
TOP VIEW
20"
15"
20"
17½"
5"
42"
17"
UPHOLSTERED SEAT
A
FRONT PIECE
FRONT VIEW
O.A. 26"
23"
BOX JOINT
FLAT CURVED CHAIR SPINDLE
SIDE OR DINING CHAIR
SCALE ⅛" = 1 INCH

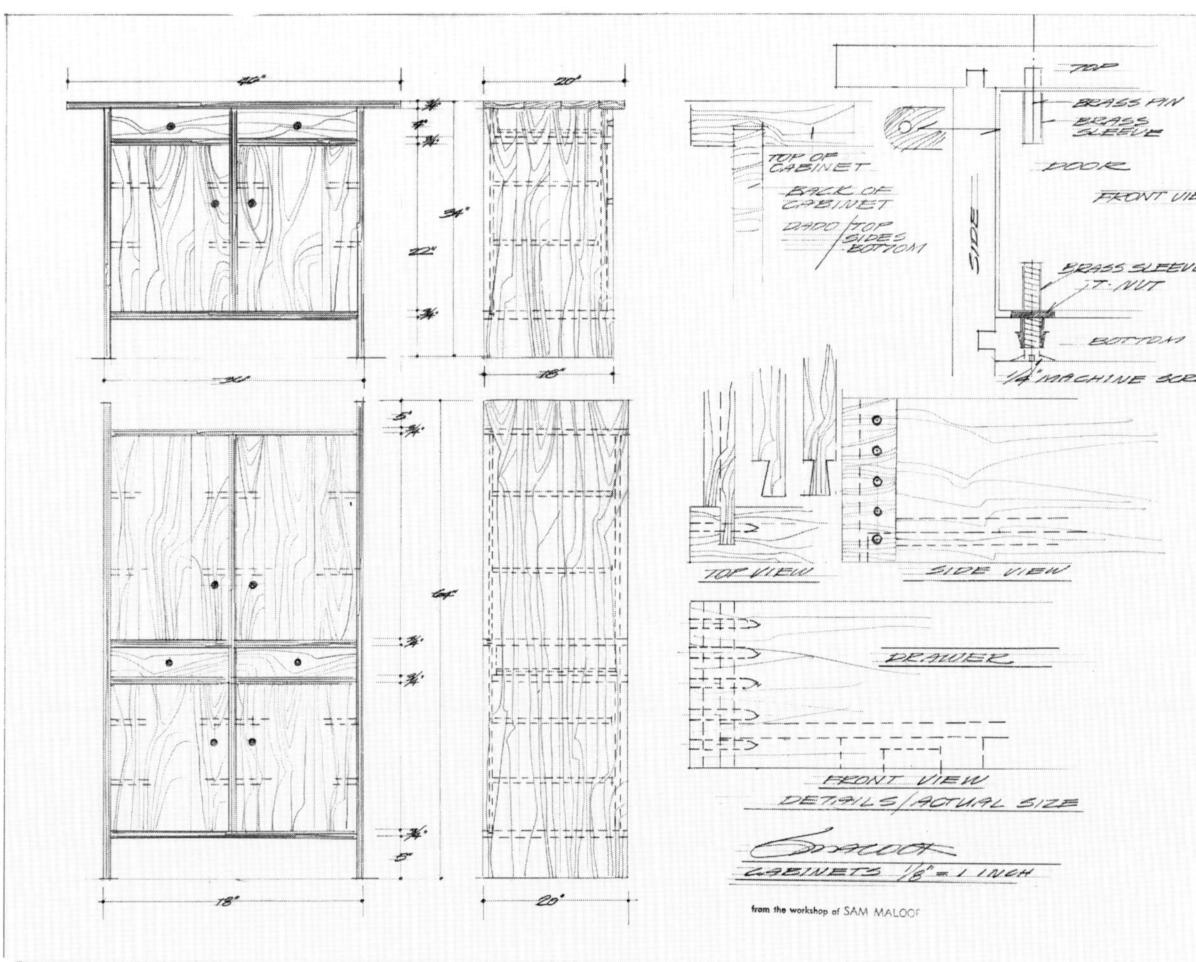
40"
20"
¾"
34"
22"
¾"
36"
16"
TOP
BRASS PIN
BRASS SLEEVE
TOP OF CABINET
BACK OF CABINET
DADO TOP SIDES BOTTOM
DOOR
SIDE
BRASS SLEEVE
T-NUT
BOTTOM
¼ MACHINE SCREW
5"
¾"
64"
¾"
¾"
¾"
5"
18"
20"
TOP VIEW
SIDE VIEW
DRAWER
FRONT VIEW
DETAILS / ACTUAL SIZE
CABINETS ⅛" = 1 INCH
from the workshop of SAM MALOOF

Ich habe nur einmal versucht, mir mein Holz selber aufzusägen. Es ist aber vernünftiger, die Stämme nach meinen Angaben im Sägewerk aufsägen und mir in die Werkstatt liefern zu lassen.

Hier überprüfe ich gerade die Maße eines Tischuntergestells. Ich skizziere mir die Größenverhältnisse oft erst einmal auf den Werkstattboden.

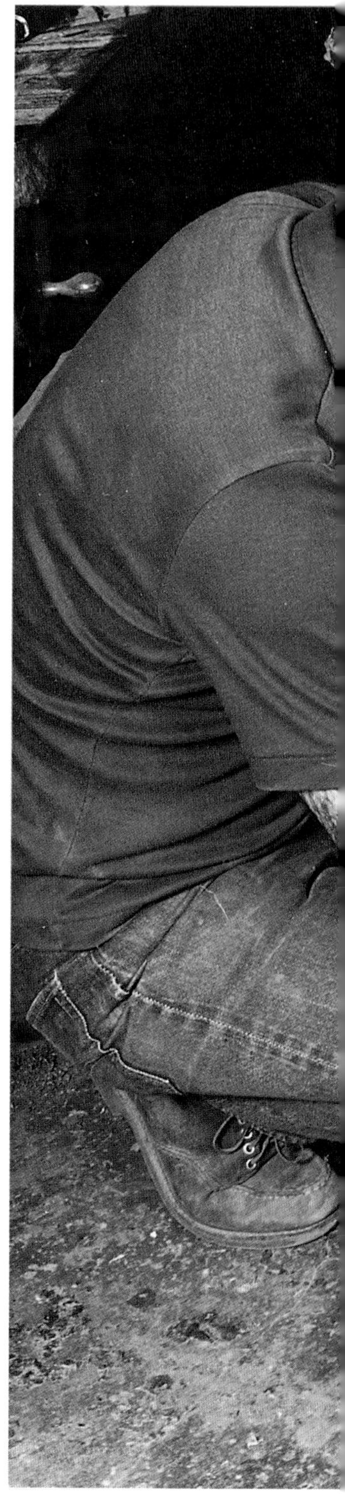

Flache, leicht gebogene Sprossen für Eßzimmerstühle kurz vor der Weiterbearbeitung.

Schablonen für die vielen verschiedenen Stuhl- und Tischformen. Der Name des Kunden, für den ich das Stück das erste Mal gebaut habe, steht auf der Schablone.

BACK/SEAT OCC.CHAIR #160
FINE ARTS MUSEUM
FRANK WYLE
TABLE
OFFICE CHAIR-

Vorderbein eines Stuhls vor dem Angleichen der Rundung an die Sitzfläche (oben). Dies ist einer meiner Lieblingsstühle (rechts) kurz vor der Oberflächenbehandlung (siehe auch S. 141).

Teile eines Lesepults in unterschiedlichen Bearbeitungsstadien (siehe S. 171–172).

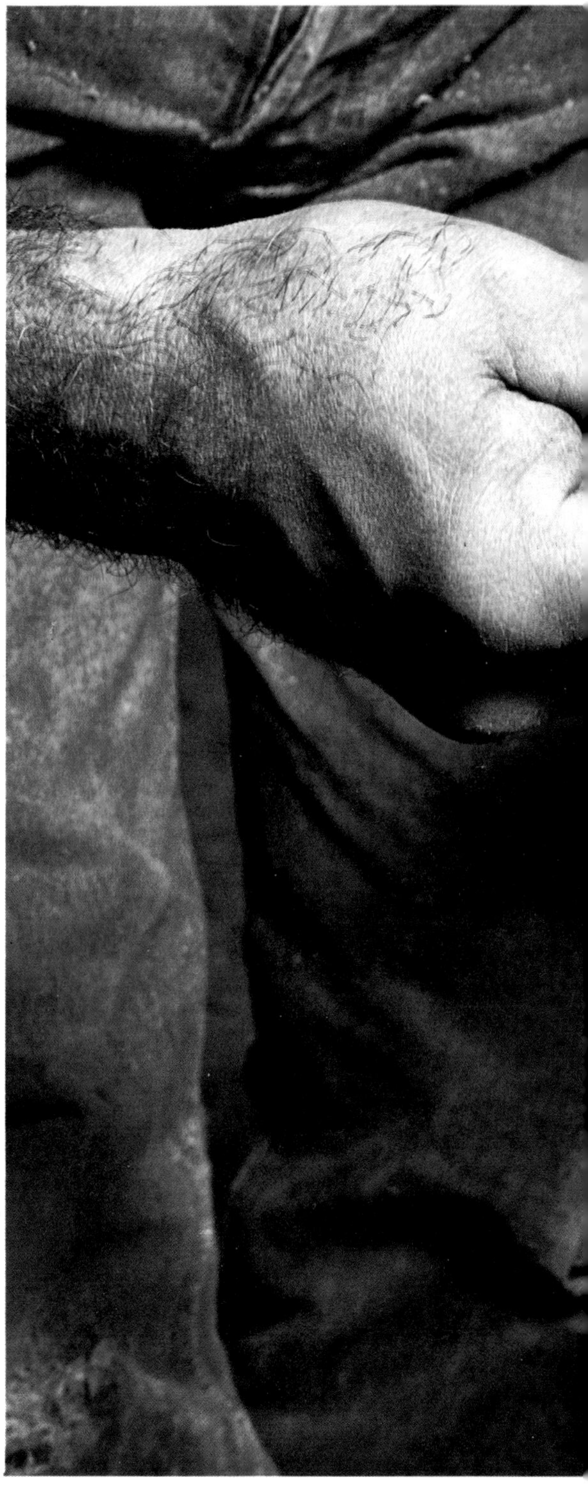

An der Stelle, wo die Vorderbeine in den Stuhlsitz übergehen, wird das Holz dünner gehobelt (oben und unten) und mit dem Hohleisen die Rundung ausgearbeitet (rechts).

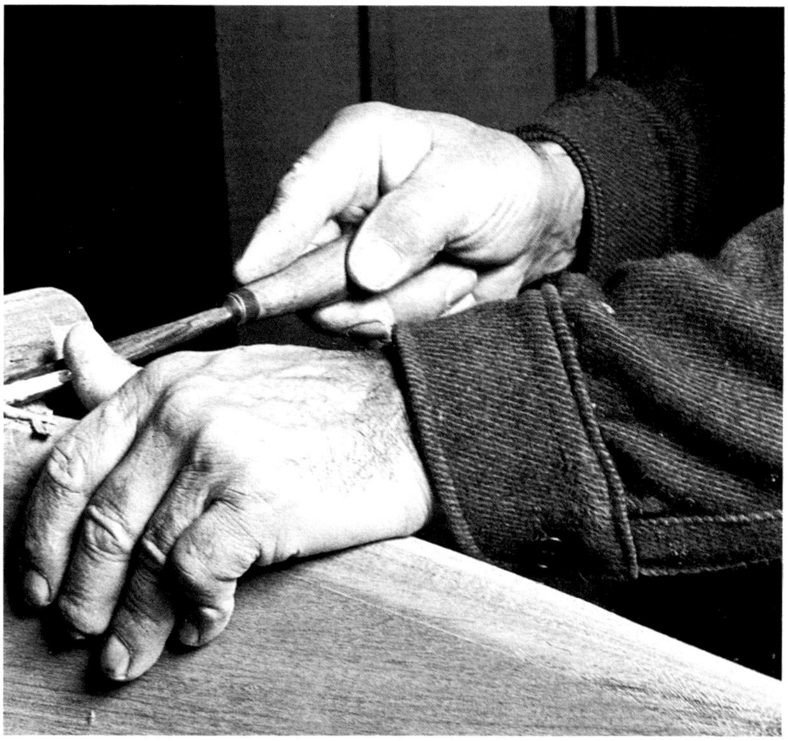

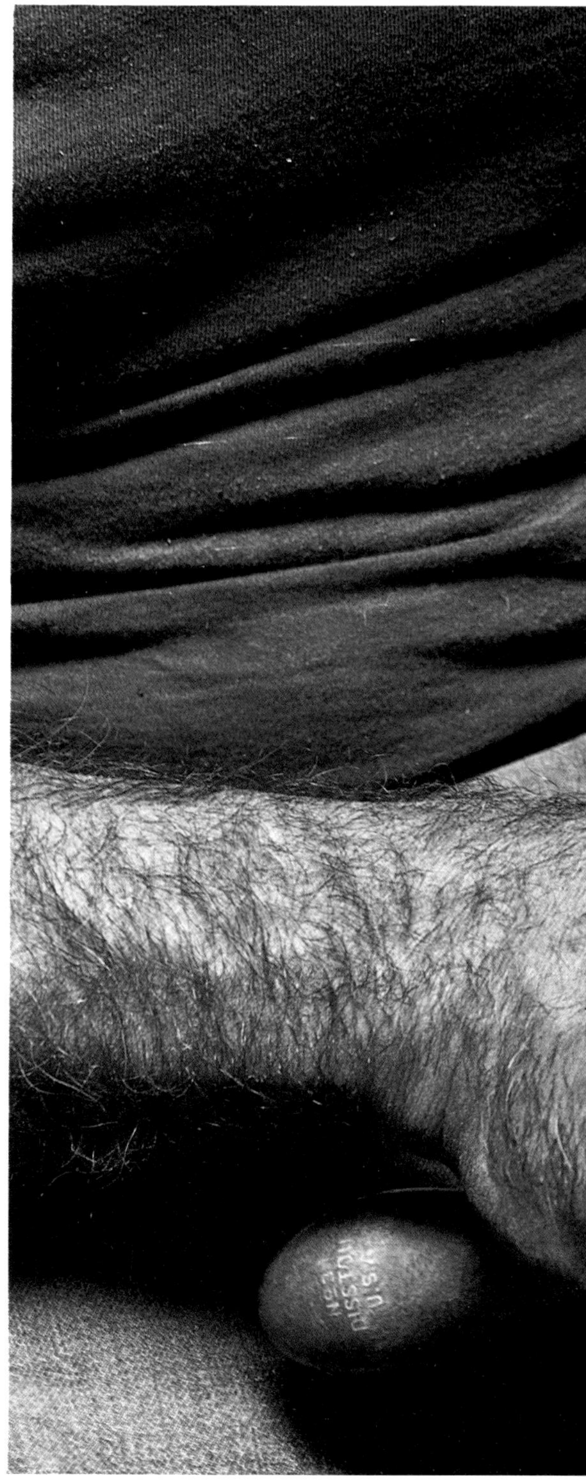

Überstände werden mit dem Hohleisen entfernt (oben). Das Ausformen einer Armlehne mit der Raspel (unten links). Erst mit dem Hohleisen (unten rechts), dann mit der Raspel (rechts) wird die Lehne ausgeformt.

Sitzrahmen, an die Rückenlehnen gespannt. Dieser Stuhl war eines meiner ersten Möbelstücke. Ich habe ihn über die Jahre hinweg leicht verändert, wie viele andere meiner Stücke auch.

Der Übergang der Armlehne zum Hinterbein wird bearbeitet.

Zinken ausstemmen für einen Schreibtisch aus Teak.

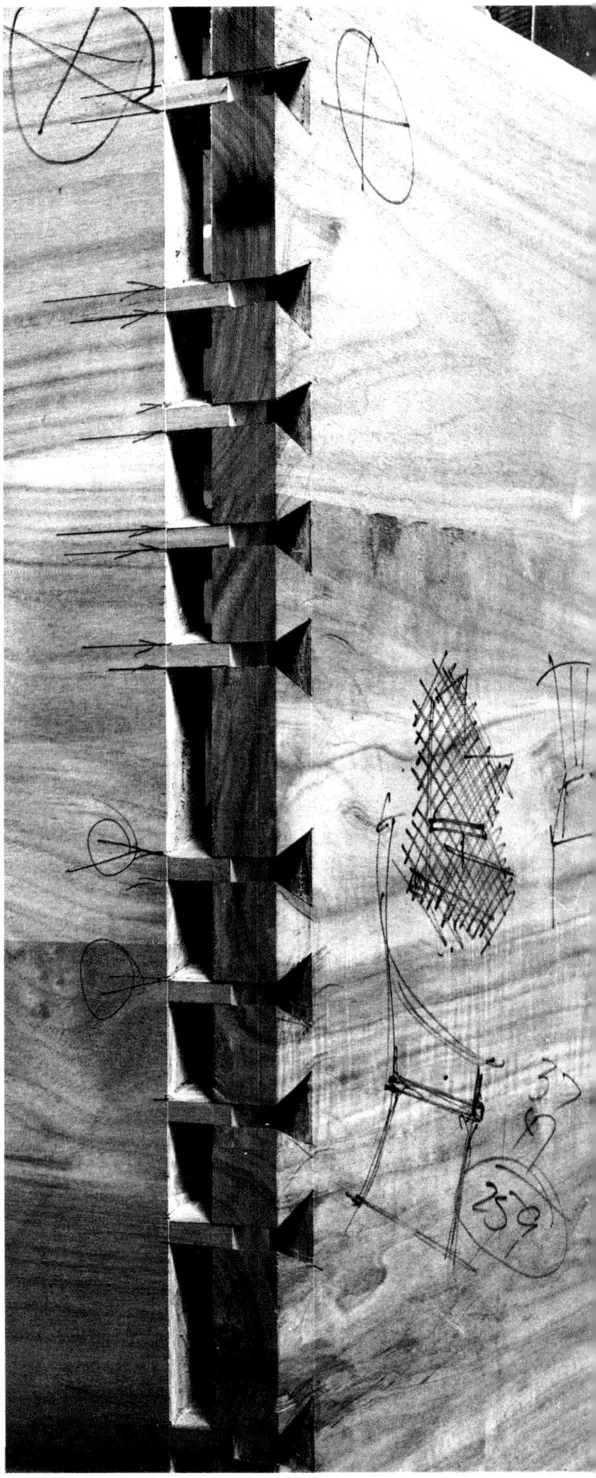

Zinken und Schwalben fertig zum Zusammenbau.

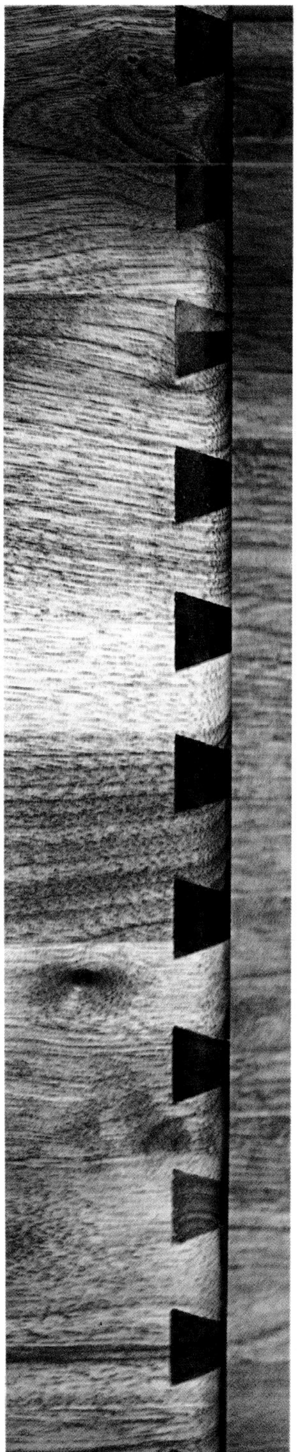

Geschliffene und geölte Eckverbindung mit Zinken.

Das ist ein interessanter Schreibtisch. Der Steg war eine neue Idee von mir.

Verbindungsstege für einen Eßtisch: Die kleinen Holznägel gehen durch einen 19-mm-Dübel. (Fotos: Alfreda Maloof)

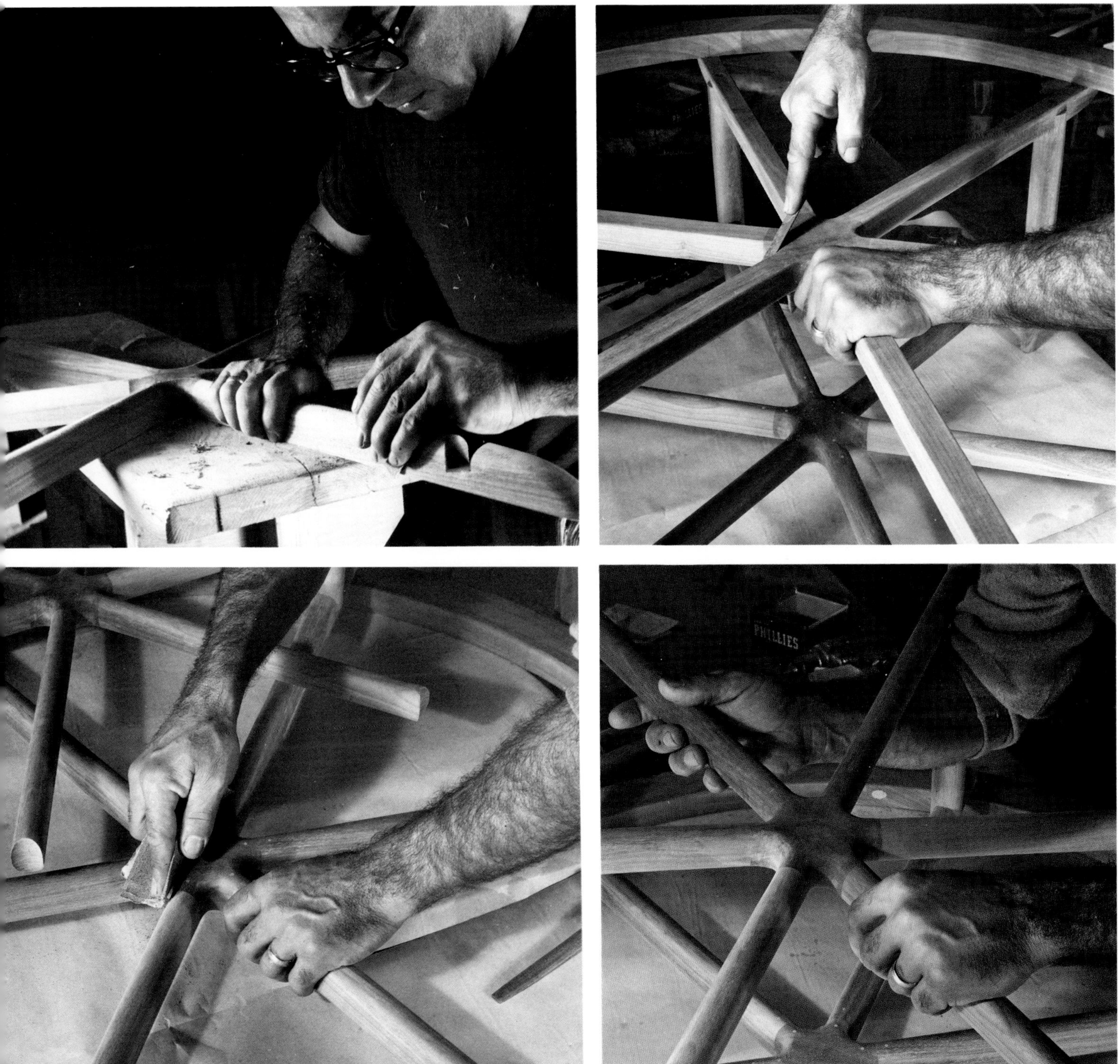

Doppelkreuzstege für einen großen Couchtisch: Die Stege werden in eine Nabe geleimt. (Fotos: Alfreda Maloof)

Schleifen eines schichtverleimten Untergestells für einen Konferenztisch.

Das Schleifen geht weiter (oben links; fertiger Konferenztisch auf S. 180/181). Eßtisch mit Mittelfuß, 210 cm Durchmesser, mit drehbarem Einsatz: Detailfoto des Untergestells mit äußerem Ring (oben rechts); das Einsetzen der Drehplatte in das Drehlager im Untergestell (unten links); fertiger Tisch mit Grifflöchern zum Drehen der Platte (unten rechts).

Zwingenständer. Ich brauche viele verschiedene Zwingen.
Zwingen einkaufen ist eines meiner Lieblingsbeschäftigungen.

„RICHA“

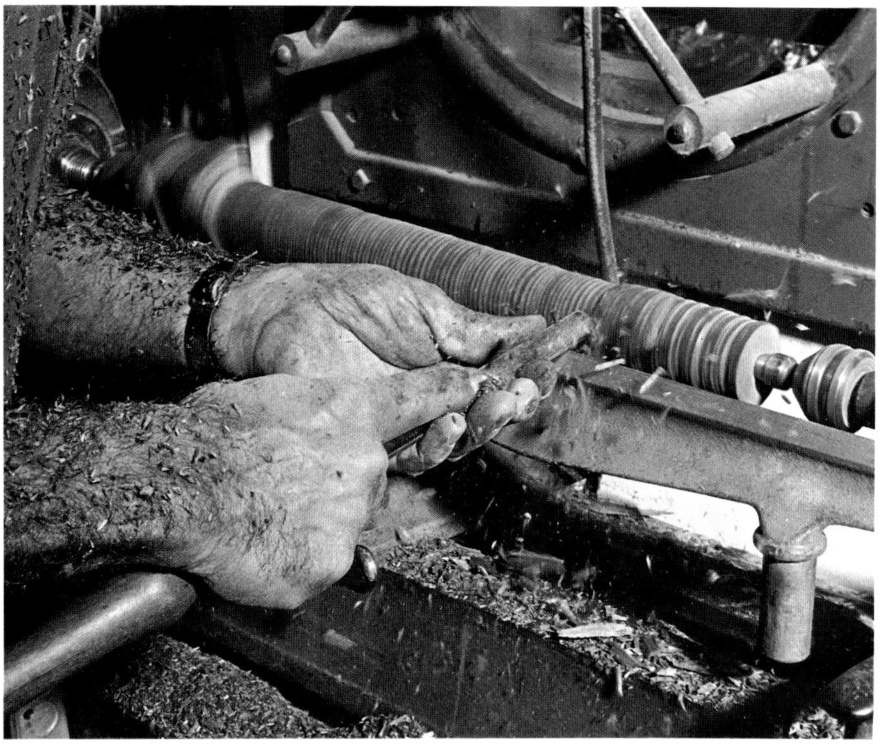

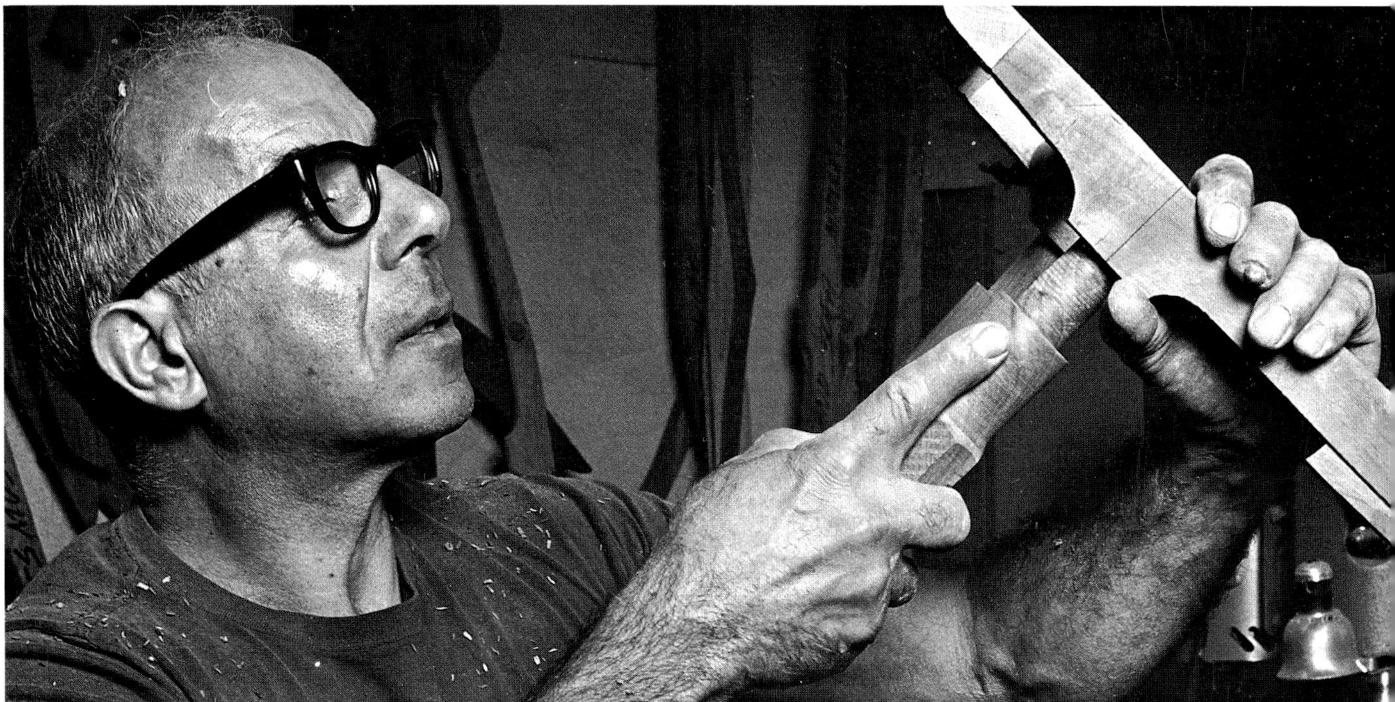

Beine für eine Bank (obere Reihe, von links nach rechts): Drechseln der Beine (ich drechsle nicht gerne, aber wenn ich mal angefangen habe, dann drechsle ich recht schnell); Schleifen der Beine; Einsägen des Schlitzes für den Keil; Abhobeln des Überstandes auf der anderen Seite der für den Steg vorgebohrten Löcher; Beine fertig zum Verleimen. Zusammenbauen der Bank (untere Reihe, von links nach rechts): Passung überprüfen; Beine in den Sitzrahmen stecken; Einklopfen der Keile.

OUT

Bündighobeln der Zapfen mit dem Sitzrahmen (oben links). Verputzen des Sitzrahmens (oben rechts): Die Querstege darunter werden auch noch bearbeitet und abgerundet. Beflechten des Sitzes mit Rohlederstreifen (unten links). Das fertige Stück (unten rechts): Seit diese Fotos gemacht wurden, habe ich einige Veränderungen daran vorgenommen (siehe S. 168).

Diese Wendeltreppe (oben, gegenüber und vorhergehende Seite) wurde schon vor einigen Jahren begonnen, aber erst 1983 fertig. Ich habe sie aus Holz gebaut, das von Verpackungskisten taiwanesischer Motorboote stammte. Das Geländer besteht aus sechs Schichten. Ich glaube, ich habe ungefähr 100 Zwingen für das Verleimen gebraucht. Als ich mich endlich entschieden hatte, anzufangen, ging die Arbeit an der Treppe flott voran.

Bau eines Sprossenstuhls (frühe Version)

Der Bau eines Schaukelstuhls. Von allen Möbeln sind Stühle am schwierigsten zu bauen. Aber für mich sind sie eine Herausforderung, und ich baue sehr viele davon. Für diese Baubeschreibung eines Schaukelstuhls habe ich den Typus gewählt, der von meinen zwölf Entwürfen am häufigsten bestellt wird. Das Holz, das ich für Sitz, Armlehnen, Beine und Rückenlehne nehme, ist 50 mm stark. Das Holz für die Kufen und Sprossen ist 38 mm stark. Weil es sich bei dem Holz fur den Sitz, die Armlehnen, die Vorderbeine und die Rückenlehne um kleine Abschnitte handelt, muß es kein erstklassiges Holz sein. Es darf ruhig ein paar Äste haben. Meine Kufen werden aus Gründen der Stabilität schichtverleimt, während die Form der geschwungenen, flachen Sprossen der Rückenlehne auf der Bandsäge herausgesägt und nicht mit Dampf gebogen oder schichtverleimt wird.

1

2

4

5

Die Sitzfläche aller meiner Sitzmöbel baue ich immer zuerst. Ich suche das Holz nach Farbe und Maserung aus (1), 3–7 Stück für jede Sitzfläche. Denn obwohl ich sehr breites Holz habe (50 cm) und Sitzflächen aus einem Stück machen könnte, befürchte ich, daß sie sich verziehen oder reißen würden. Ich verleime meine Sitzflächen mit 12 x 80-mm-Dübeln. Die Dübel dienen nicht nur zum bündig Verleimen, sondern auch zur Verstärkung.

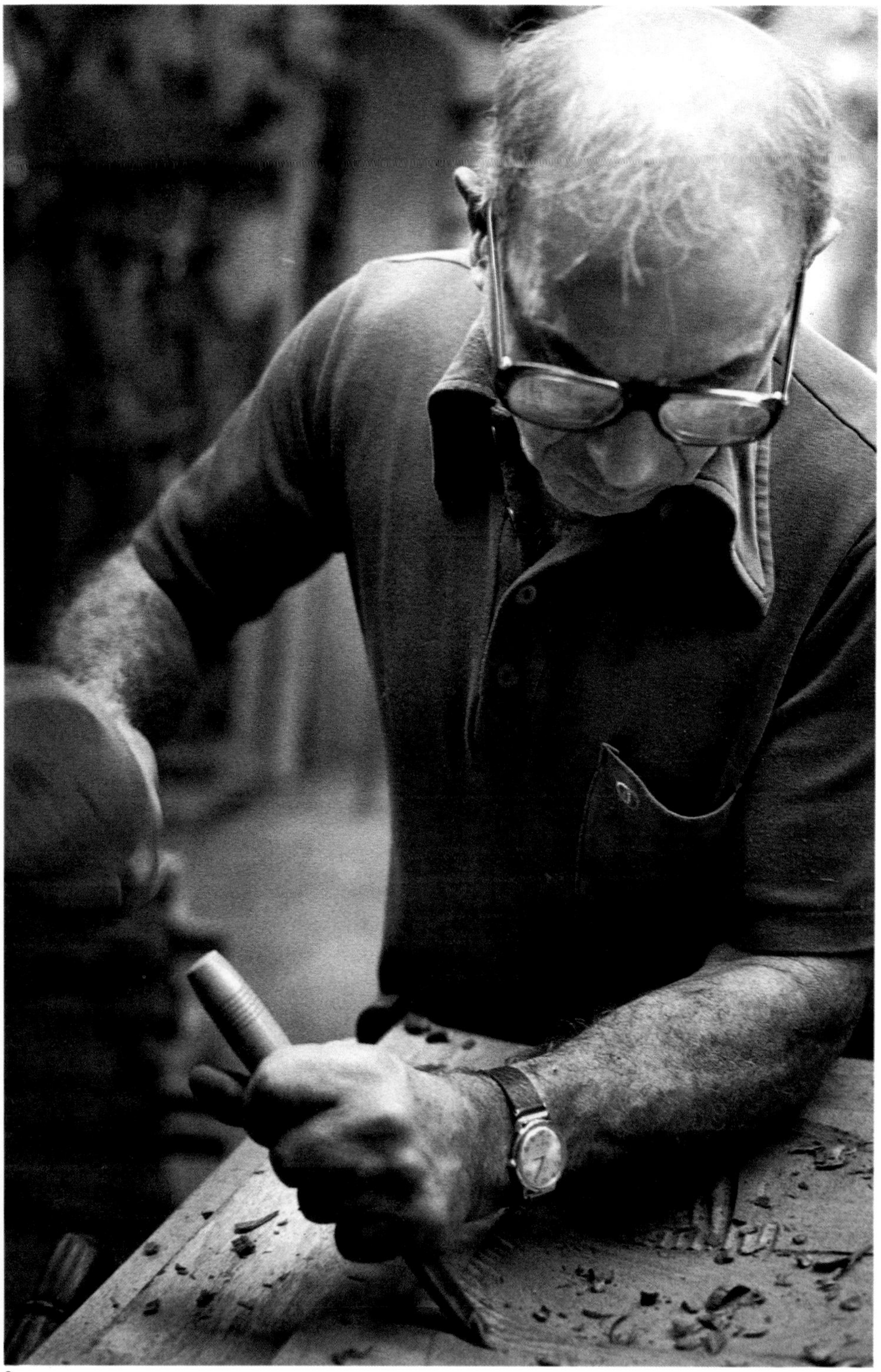

6

Wenn ich die Bretter für eine Sitzfläche zusammengesetzt und gefügt habe (2), zeichne ich die Konturen der Sitzfläche auf (3). Mit der Bohrmaschine bohre ich die Löcher für die Dübel (4) und säge dann auf der Bandsäge (5) die Kontur der Sitzfläche noch vor dem Verleimen der Bretter grob heraus. Nach dem Verleimen bearbeite ich die Sitzfläche entsprechend der Konturlinie mit dem Hohleisen (6).

7

8

9

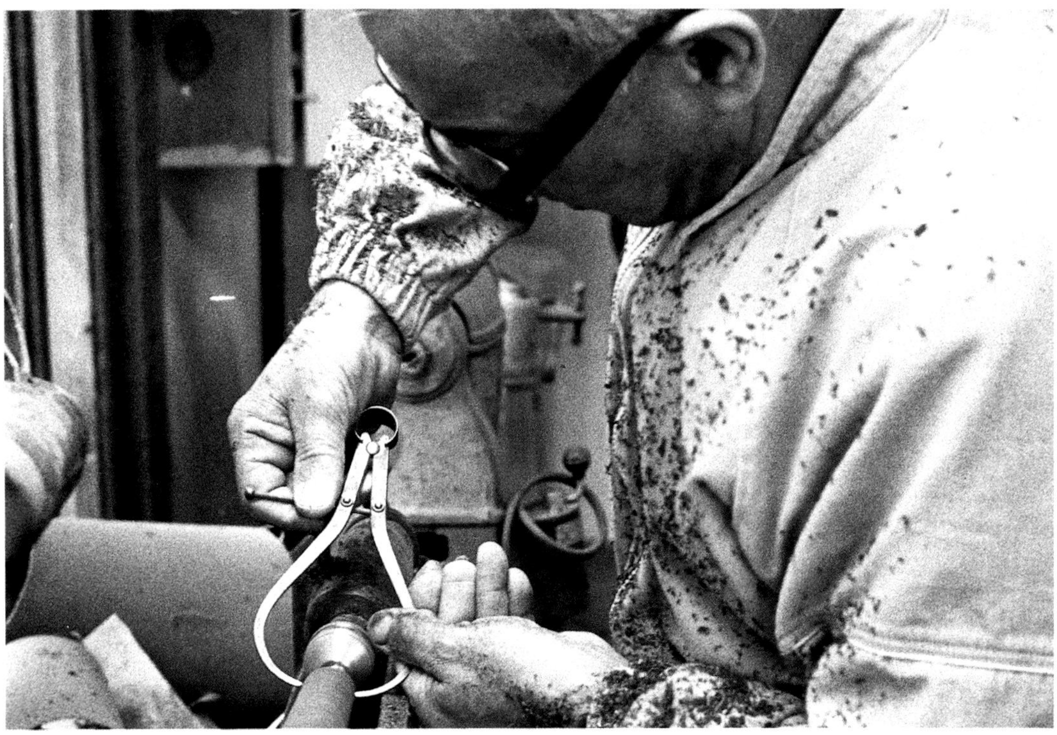

12

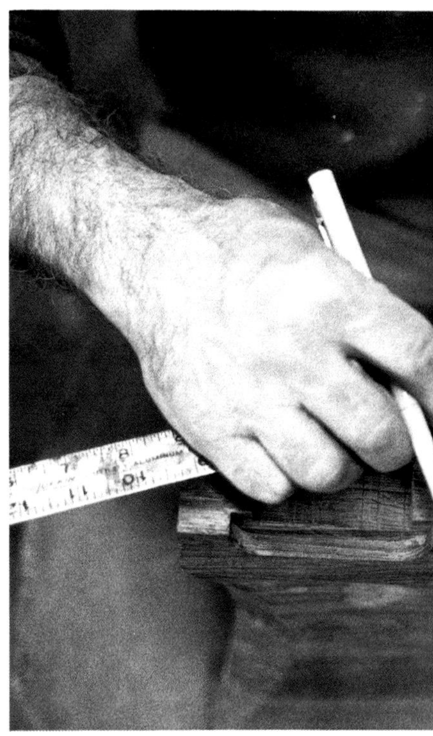

13

Nach dem Aushöhlen nehme ich den Tellerschleifer (7), beginne mit ganz grobem Schleifpapier und arbeite mich durch mehrere Körnungen hindurch bis hinauf zu Körnung 400 als Endschliff. Der Sitz ist dann fertig zum Einfräsen der Nuten, wo die Vorderbeine sitzen werden (8). Die Hinterbeine werden dann an die Sitzfläche geleimt und gespannt (9) und die Vorderbeine an der Stelle mit einer Nut versehen, wo sie in die Sitzfläche übergehen sollen (10). Die Vorderbeine säge ich auf der Bandsäge dünner (11), bevor ich sie auf der Drehbank rund drechsle (12) und die Bohrlöcher markiere (13). Das noch zu starke Holz wird abgehobelt (14).

10

11

14

15

16

19

20

Wenn die Vorderbeine fertig zum Verleimen sind (15), spanne ich sie mit Zwingen an den Sitz (16) und bearbeite den Übergang zur Sitzfläche mit dem Hohleisen (17) und der Raspel (18). (Hier beobachten Mike Johnson, links, und Mike O'Neill, die beiden jungen Männer, die mit mir arbeiten, das Verleimen der Vorderbeine mit der Sitzfläche.) Während der Leim trocknet, werden die anderen Teile des Stuhls zugeschnitten, geformt und geschliffen. Die Armlehnen werden aufgerissen und auf der Bandsäge herausgesägt (19, 20, 21). Zwei Armlehnen dauern bei mir ungefähr fünfzehn Minuten. Ich rate eigentlich davon ab, auf der Bandsäge so freihändig zu sägen, es ist zu gefährlich. Wenn ich eine richtige Schreinerausbildung gehabt hätte, wäre ich auf diese Methode wahrscheinlich nicht gekommen. Das Formen der Armlehne geschieht mit der Raspel (22).

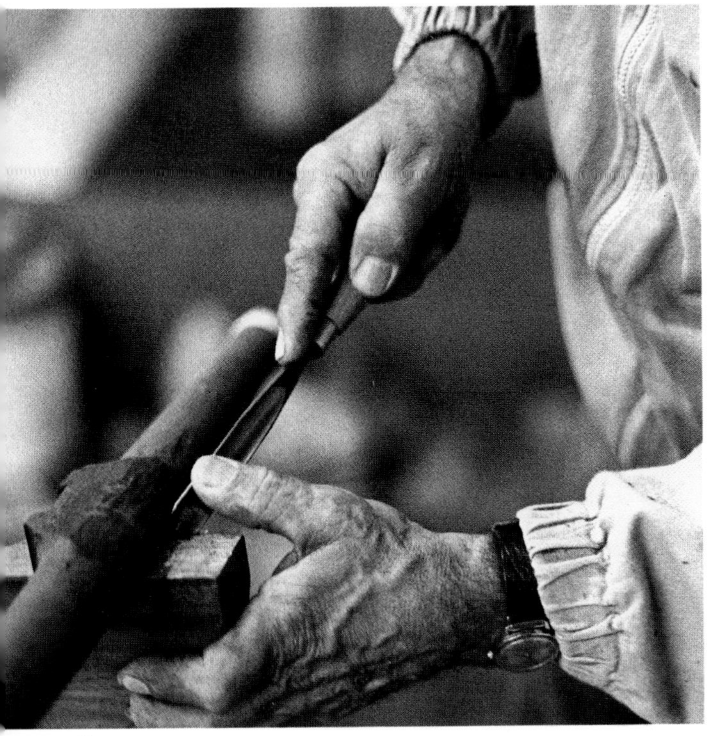

17

18

21

22

23

24

27

28

29

Die Armlehnen werden, wenn sie fertig sind, an die Hinterbeine angepaßt (23) und dann auf die Vorderbeine gespannt (24). Die Lehne wird mit dem Hohleisen bearbeitet (25), dann mit einer Raspel (26) und einem Ziehklingenhobel (27) geformt und geglättet. Die Sprossen für die Rückenlehne werden nach Farbe und Maserverlauf ausgesucht (28). Jede Sprosse muß mit der Raspel einzeln bearbeitet (29) und geschliffen werden (30). Ich habe mir in ein Holzstück zwei Löcher gebohrt, eines mit 8 mm, das andere mit 12 mm Durchmesser, um die Endstärke jeder Sprosse zu überprüfen (31). Zum Abschluß werden sie mit 400er-Schleifpapier geschliffen.

5

26

0

31

32

33

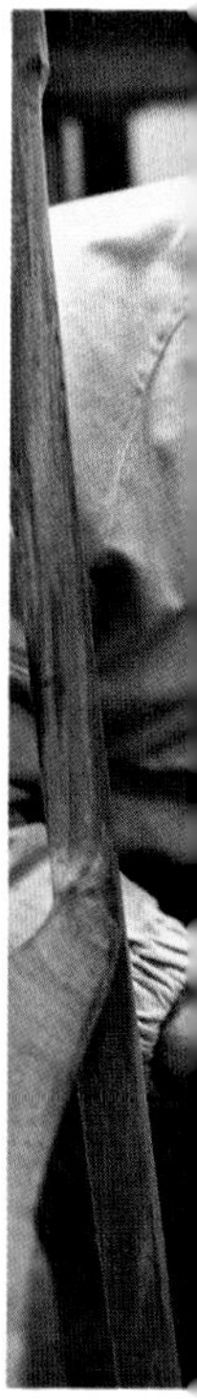
34

36

37

Bevor die Sprossen in den Sitz geleimt werden können, muß die Position der Löcher eingemessen und angerissen werden (32, 33, 34). Die Schräge der gegenüberliegenden Löcher muß auf dem oberen Querbrett der Lehne markiert werden (35). Die Löcher selbst werden freihändig gebohrt (36). Ich peile sie einfach an, so wie ich das immer mache. Vor dem Einleimen der Sprossen versehe ich die Innenkanten der Hinterbeine noch mit einer Fase (37) und schleife sie. Dann überprüfe ich den Sitz der Sprossen (38). Vor dem endgültigen Ablängen, Abrunden und Schleifen muß bei jeder einzelnen Sprosse die exakte Länge angerissen werden (39).

35

38

39

40

41

42

43

44

Das Querbrett der Rückenlehne wird als nächstes eingepaßt (40). Nachdem die Sprossen in den Sitz eingeleimt sind, setze ich das Querbrett auf die Stäbe auf und leime es zwischen die Hinterbeine (41). Diese Verbindung wird später noch zusätzlich verschraubt (42). Bevor die Kufen angebracht werden, wird der gesamte Stuhl fertig geformt und geschliffen. Die Kufen sind aus schmalen Leisten, die gesägt (43), geleimt (44) und zusammengespannt werden (45). Mindestens ein Dutzend Zwingen halten die Schichten zusammen, während der Leim trocknet (46).

45

46

47

48

50

51

Die Kufen werden dann geformt und geschliffen (47, 48, 49) und für das Verleimen mit den Beinen vorbereitet (50). Zuerst jedoch wird jede Kufe einzeln ausbalanciert (51). Die Erfahrung hat mich gelehrt, daß die Kufen wegen der Holzdichte und anderer Faktoren unterschiedlich ausfallen. Die Kufen werden dann angeleimt (52), die Verbindungsstellen zu den Beinen rund gearbeitet (53) und wieder geschliffen.

49

52

53

54

55

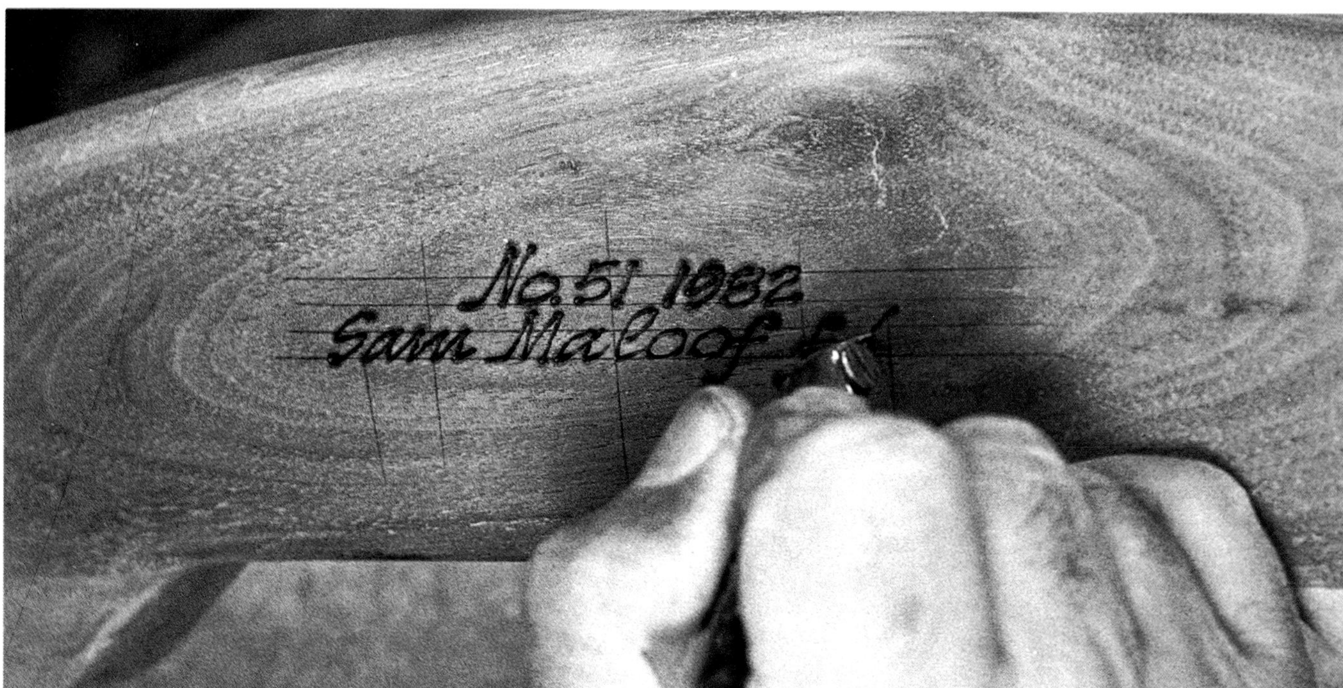

56

Bevor der Stuhl oberflächenbehandelt wird, fahre ich noch einmal mit 400er-Schleifpapier darüber und ziehe ihn mit feiner Stahlwolle (0000) kräftig ab. Jedes Möbelstück erhält zwei Überzüge. Der erste besteht aus einem Drittel Urethan (halbmatt), einem Drittel rohem Tungöl und einem Drittel gekochtem Leinöl. Das Tungöl nehme ich, weil es nicht geliert. Es ist unbegrenzt haltbar. Das gekochte Leinöl enthält genügend Trocknungsmittel, um auch das Tungöl abbinden zu lassen. Diese Mischung trage ich großzügig auf das Stück auf und reibe sie kräftig in die Oberfläche hinein. Dann wird das überschüssige Öl entfernt und der Stuhl über Nacht oder sogar länger getrocknet. Diese Prozedur wird drei- oder viermal wiederholt. In der zweiten Mischung fehlt das Urethan, dafür gebe ich pro Liter Ölmischung eine Handvoll zerkleinertes Bienenwachs dazu und erwärme das Ganze in einem Wasserbad, bis das Wachs schmilzt. Die homogene Mischung hat dann die Konsistenz dicker Sahne. Diese Mischung wird genauso wie die erste aufgetragen. (Achtung! Lassen Sie die öligen Lappen nie in der Werkstatt herumliegen, weil das Leinöl hoch entzündlich ist! Ich hebe meine Lappen draußen in einem Eimer mit Wasser auf.) Und so entsteht ein Schaukelstuhl.

Dieser Schaukelstuhl scheint von allen Schaukelstühlen, die ich baue, der beliebteste zu sein. Meistens baue ich ihn in Nußbaum, aber ich habe auch schon Ostindischen und Rio-Palisander, englische Eiche und Teak dafür genommen. (Museum of Fine Arts, Boston, Weißes Haus, Villa des Vizepräsidenten)

Schaukelstuhl aus Rio-Palisander. Aus meinem Vorrat an Rio-Palisander baue ich nur noch Möbel für unsere Kinder und Enkelkinder. Dieser spezielle Entwurf, in Nußbaum ausgeführt, ist der beliebteste meiner zwölf Schaukelstühle. Das Originalmodell steht im Museum of Fine Arts in Boston.

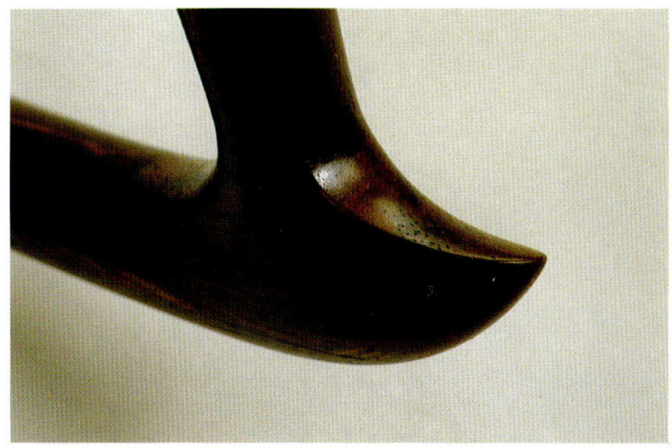

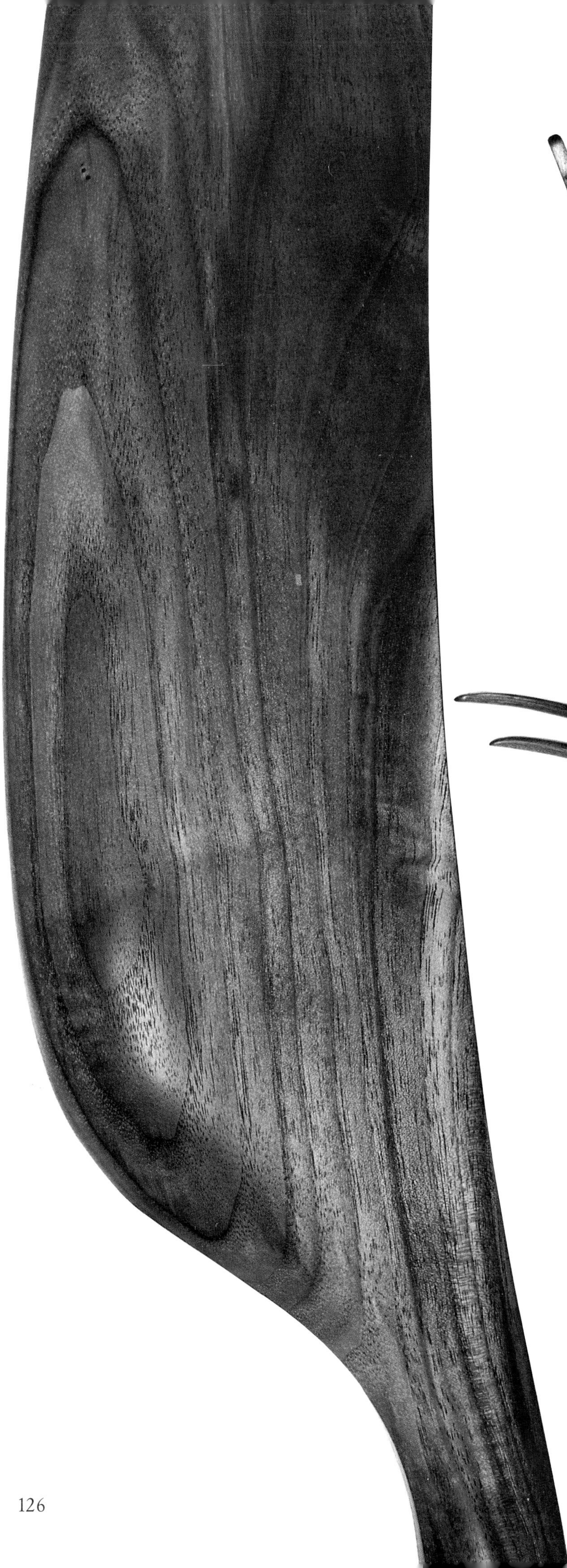

Gepolsterter Schaukelstuhl, bezogen mit einem Stoff von Jack Lenor Larsen.

Detail einer Armlehne.

Schaukelstuhl mit Sprossenlehne und gepolstertem Sitz. Bei dieser frühen Version machte ich noch schmale, geschwungene Armlehnen.

Abgesteppter Ledersitz mit flachen, leicht geschwungenen Rückensprossen, die den Rücken gut abstützen.

Schaukelstuhl mit gepolstertem Sitz. Beachten Sie die schichtverleimten Kufen.

Schaukelstuhl mit gepolsterter Rückenlehne und Sitz.

Detail eines Stuhls (siehe auch S. 141).

Konferenzstuhl aus englischer Eiche (siehe auch S. 181).

Das nenne ich meine „Hörnerlehne" oder den „Texasstuhl" (Museum of Fine Arts, Boston). Es gibt ihn auch gepolstert.

Konferenzstuhl aus englischer Eiche.
Eßzimmerstuhl mit geschwungenen Armlehnen.

Frühes Stuhlmodell.

Prototyp eines Sprossenstuhls (frühe Version).

Eßzimmerstuhl mit niedriger Armlehne und gedrechselten Rückensprossen. Bei diesem frühen Modell ist das Vorderbein noch anders als bei späteren Ausführungen mit dem Sitzrahmen verbunden. Beachten Sie die weichgerundeten Übergänge von der Armlehne zum Vorderbein und von der Rückenlehne zum Hinterbein.

Frühes Modell.

Dieser Stuhl ist dem oberen ganz ähnlich, nur daß er breiter ist und die Hinterbeine auswärts gestellt sind. (Museum of Fine Arts, Boston)

Gepolsterter Eßzimmerstuhl mit gedrechselten Rückensprossen (oben). Sessel mit hoher Rückenlehne aus Nußbaum, mit schwarzem Leder gepolstert (unten).

Die niedrige Armlehne dieses Stuhls (oben) ersetzt eine unter dem Sitz liegende Querstrebe. Sie dient auch als Griff beim Hineinsetzen in den Stuhl und um den Stuhl vor- und zurückschieben zu können.

Alle Verbindungen an diesem Sessel (unten) sind sichtbar gearbeitet. Die Polster, die mit einem Stoff von Jack Lenor Larsen bezogen sind, werden mit Saugnäpfen gehalten.

Sessel mit hoher Rückenlehne, gepolstert mit einem Stoff von Jack Lenor Larsen. Der Entwurf unterscheidet sich nur wenig von dem Stuhl der gegenüberliegenden Seite (unten links).

Sessel (oben links) mit schichtverleimten Hinterbeinen und geschwungenen Vorderbeinen. Eichenstuhl (oben rechts) mit schwarzem Lederpolster. Frühere Version (unten links) mit zweiteiligem Rückenpolster und niedrigen Armlehnen.

Sessel mit flachen, leicht geschwungenen Rückensprossen (unten rechts und gegenüberliegende Seite), abgesteppter schwarzer Ledersitz.

Das war einer der ersten Stühle, die ich gebaut habe. Die allerersten vier von mir gebauten Stühle benutzen wir seit dreißig Jahren.

Stuhl mit niedriger Rückenlehne und gepolstertem Sitz.

Wenn ich mir unter meinen Möbeln meine Favoriten aussuchen müßte, stünde dieser auf der Liste ganz oben. Er unterstützt den Rücken besonders gut. (Museum of Fine Arts, Boston)

Massiver, organisch geformter Stuhl. Beachten Sie die Holzverbindung an der Stelle, wo Vorder- und Hinterbeine in den Sitz übergehen.

Diesen sehr robusten Stuhl baute ich 1950 zum erstenmal. Auch bei Folgeaufträgen habe ich nichts verändert.

Sitzbank: Das erste Exemplar habe ich für das Museum of Fine Arts in Boston gebaut. Das St. Louis Art Museum hat auch eines.

„Diese organisch geformte Sitzbank ist eines der schönsten Beispiele moderner Sitzmöbel; gebaut von einem zeitgenössischen amerikanischen Handwerker.“ Zitat aus „American Furniture 1620 to the Present“ von Jonathan L. Fairbanks und Elizabeth Bidwell Bates. (Museum of Fine Arts, Boston)

Diese beiden Sitzbänke (oben links und rechts) sind die ersten, die ich gemacht habe. Sie stehen bei uns zu Hause. Dieser Stuhl (unten links) wurde als Chorstuhl für eine Kirche gebaut. Die Lehne bei diesem Stuhl (unten rechts) ist die frühe Version eines Gestaltungselements, das ich heute noch anwende.

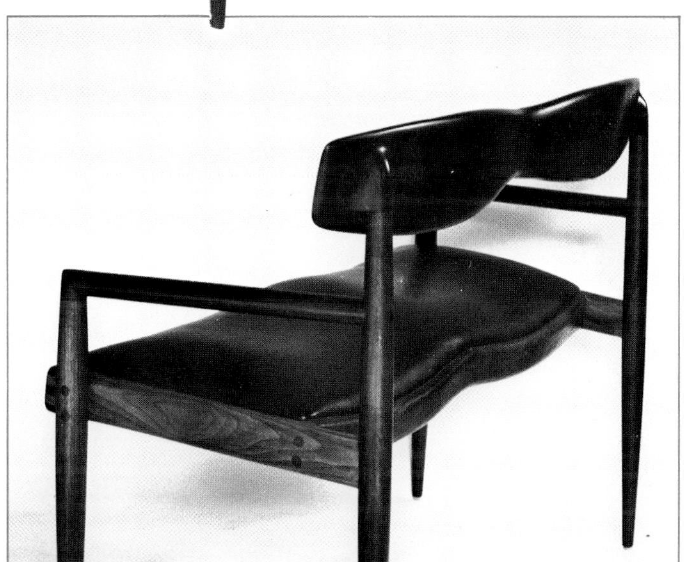

Bank mit Sprossenlehne (oben) und schwarzer Lederpolsterung. Zweisitziges Sofa (unten links), das ich auch als Drei- oder Viersitzer baue. Die Holzverbindungen habe ich im Lauf der Jahre geändert. Dies hat zu einem besseren Gesamteindruck beigetragen. Das ursprüngliche Sofa (unten rechts), nach einem Stuhl gebaut (S. 142).

Nußbaumbank mit flachen Rückensprossen. (Museum of Fine Arts, Boston)

Drehstuhl aus Nußbaum mit Sprossenlehne.

Drehstuhl aus Teak.

Kleiner Haushaltsdrehstuhl.

Tischplatte (120 cm Durchmesser) aus Schwarzmeernußbaum.

An diesem ovalen Tisch mit an Holzscharnieren herunterklappbaren Seitenteilen und Mittelfuß können sechs Personen sitzen (oben links und rechts). An dem Ausziehtisch (unten) können acht Personen und, wenn er ausgezogen ist, zwölf Personen sitzen. Die Stühle mit Sprossenlehnen haben einen gepolsterten Sitz. Die Unterseite des Tischs mit Stützbalken (gegenüber).

Unterseite des Ausziehtischs, in geschlossenem Zustand (links) und ausgezogen zum Einlegen einer extra Platte (rechts).

Detail einer Kommode:
Die Schubladengriffe sind aus den Schubladenfronten herausgebildet.

Kredenz aus Eiche, 213 x 91 x 55 cm (oben links);
Eichenschränkchen, gezinkt (oben rechts);
Nußbaumkommode (unten links);
Eichenschränkchen, gezinkt (unten rechts).

Schreibsekretär aus Rio-Palisander,
Schreibklappe mit Holzscharnieren.

Zwei Schränke mit Schubladen und Glastüren.

Vitrine mit einer verglasten Tür und Glasböden; Türgriff aus Ebenholz.

Kommode: Alle meine Schränke und Kommoden sind auch auf der Rückseite oberflächenbehandelt, man kann sie auch frei in den Raum stellen.

Schreibsekretär aus Rio-Palisander (oben), Schreibklappe mit Holzscharnieren (siehe S. 159). Schreibschrank (rechts): Schreibklappe mit Holzscharnieren, Türen unten wegen Kniefreiraum zurückgesetzt.

Diese ganz frühe Kombination von Schreibtisch mit dazugehörigem Stuhl habe ich mehrfach variiert.

Detail eines Arbeitstischs.

Arbeitstisch mit drei Schubladen.

Kleiner Eßtisch mit vier Schubladen, abklappbare Seitenteile mit Holzscharnieren. (Sammlung S. C. Johnson Company)

Arbeitstisch mit Schublade für Hängeregister und drei kleinen Schubladen.

Schuhregal: Tragegriffe aus den Seitenteilen herausgearbeitet.

Servierwagen mit Schubladen und abklappbaren Seitenteilen, die Räder sind aus Palisander.

Detail eines Arbeitstischs, Fußwange und gezinkter Schubladenkorpus (siehe vorhergehende Seite).

Bank (oben) mit Sitzfläche aus Lederriemen (Museum of Fine Arts, Boston). Aus dieser entwickelte ich meine dreisitzige Bank (rechts). Ich baue sie auch zweisitzig.

Diesen ersten Hocker, den ich gebaut habe, benützen wir heute noch (links).

Freistehende Wiege. Wenn jemand eine Wiege bestellt, unterbreche ich jede andere Arbeit. Babys warten nicht.

Wiegenschrank mit Wickelbrett und sechs Schubladen auf der Rückseite. Das Original steht im American Craft Museum in New York.

Lesepult mit zwei Schubladen, Höhe und Schräge der Ablagen verstellbar.

Unterseite des Lesepults: der Verstellmechanismus der mit Holzscharnieren befestigten Ablagen.

Verstellbarer Notenhalter aus Nußbaum.

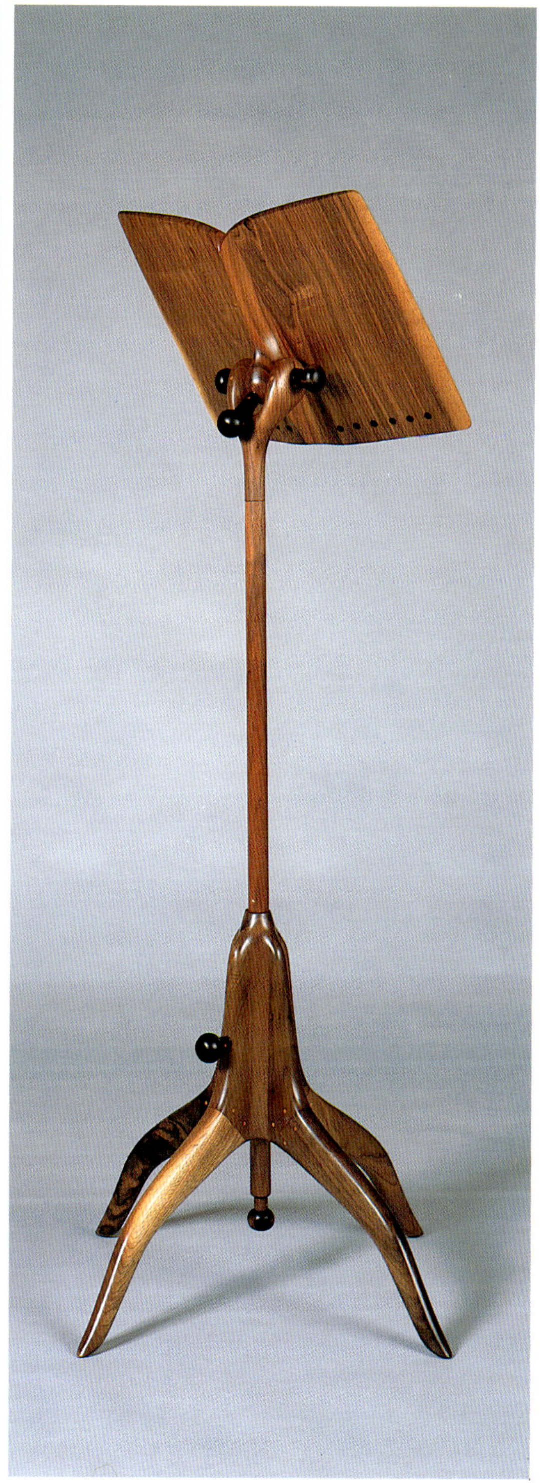

Ich habe es genossen, mit diesem Notenständer herumzuexperimentieren (oben), Detail (gegenüber).

Doppelter Notenständer: Höhe und Schräge sind verstellbar.

Lesepult (oben und unten): Höhe und Schräge sind verstellbar.

*Eßbereich im Haus eines Kunden:
An dem ovalen Tisch mit herunterklappbaren Seitenteilen können zwölf Personen bequem sitzen.*

Couchtisch aus Nußbaum mit Korkeinlage und drehbarem Einsatz (150 cm Durchmesser).

Großer Konferenztisch mit vier Wangenfüßen, 600 x 180 cm.
Die Tischplatte ist ganze 5 cm stark; achtzehn Männer mußten sie eine Wendeltreppe hinauftragen – und das war nur die Platte!

Drei Meter langer Büroschreibtisch (oben) mit zwei Schubladenblöcken, an den Enden gezinkt; 2,4 Meter langer Eichenschreibtisch (unten); Konferenztisch mit Mittelfuß und Stühlen (rechts), alles aus englischer Eiche (siehe auch S. 132, rechts).

Schachtisch mit Mittelfuß aus englischer Eiche (oben) mit zwei gepolsterten Eichenstühlen. Tisch aus Nußbaum mit Korkeinlage und Schubladen (unten).

Eßtisch aus Nußbaum mit drehbarem Einsatz;
Stühle mit Sprossenlehnen.

4

Mit den Augen ein Foto machen

Ein wirklich fähiger Lehrer kann gutes Design vermitteln. Solch ein Lehrer kann auch die Begabung eines Schülers wecken. Und deshalb kann es unter Umständen sinnvoll sein, eine Schule zu besuchen. Aber auch der beste Lehrer und der beste Unterricht können nicht helfen, wenn jemand dieses Talent nicht von Natur aus besitzt. Denn es ist ein angeborenes Talent, das man braucht, um gute Entwürfe machen zu können.

Einst fuhr ich mit meiner Familie im Auto auf einer unbefestigten Straße durch Indianergebiet. Es regnete, und die Straße war fürchterlich rutschig. Auf einmal kam eine Gruppe Navajo-Indianer über den Hügel geritten. Es war wie im Traum oder wie aus einem Western. Unser Sohn sagte: „Dad, halt schnell an und mach ein Foto", aber ich traute mich nicht, weil ich Angst hatte, der Wagen könnte steckenbleiben. Marilou, unsere kleine Tochter, rief: „Mach mit den Augen ein Foto!"

Manchmal weiß man nicht genau, wo die Idee für einen Entwurf eigentlich herstammt. Dazu eine Geschichte: Vor vielen Jahren hatten wir hier mal ein schweres Unwetter mit Hochwasser. Die Straße nach Westen wurde völlig überflutet. Ein paar Tage nach dem Sturm machten Freda und ich einen Spaziergang. Hinter der Biegung blieben wir vor Überraschung stehen. Der Sturm hatte rings um einen riesigen Baumstumpf die ganze Erde weggespült, so daß die Wurzeln frei in die Luft ragten. Es sah aus wie das Untergestell einer meiner Tische. Man hatte mir schon öfters gesagt, daß meine Tischfüße so aussähen, als würden sie direkt aus der Erde herauswachsen.

Das ließ mir keine Ruhe. Ich nahm ein paar fertige Tischfüße ohne die Tischplatten mit nach draußen und fotografierte sie zusammen mit diesen Baumwurzeln. Vielleicht hatte ich ähnliches schon mal gesehen, und mein Unterbewußtsein ließ es dann in jenen Tischfüßen wiederkehren. Später habe ich einen Tisch gebaut, der statt vier sechs Beine hatte, und noch später einen Abendmahltisch mit acht Beinen. Er wirkte noch organischer als die vierbeinigen Tische.

Es ist nicht leicht zu erklären, wie ich die Abmessungen eines Stuhles festlege, also die Höhe, die Tiefe, die Breite und die Neigung der Sitzfläche bestimme. Ich habe kein Rezept oder Formel. Ich mache alles per Augenmaß und nach Gefühl. Statt eines Metermaßes nehme ich als Maßstab oft lieber meine Hand. Design hat nichts Logisches, es ist eine gefühlsmäßige Angelegenheit, eine Sache der Intuition und des Instinkts. Es läßt sich nicht systematisch und rational erklären.

Als ich anfing, Möbel zu bauen, wußte und verstand ich gar nichts von Design. Ich kannte keine Zeitschriften. Ich lebte in einer kleinen Provinzstadt auf dem Land. Und während der Wirtschaftskrise war man höchstens mal in die Bücherei oder in den Drugstore um die Ecke gegangen. Mehr war damals nicht möglich. Ich besaß weder eine richtige Berufsausbildung noch irgendeine künstlerische Ausbildung. Meinen Job als Graphiker trat ich ohne jegliche Fachkenntnisse an. Ich arbeitete als Werbegraphiker. Ich konnte mit einem Pinsel anderthalb Millimeter hohe Buchstaben zeichnen. Und ich lernte bauzeichnen. Ich arbeitete für einen Industriedesigner, und ich arbeitete für einen Bildhauer. Und all diese Erfahrungen haben mich schließlich auf die Möbel gebracht, obwohl ich nichts von Konstruktion verstand. Ich habe einfach das gemacht, was ich für richtig hielt, und vieles klappte auch.

Mit dem Polstern, zum Beispiel, war es so: Ich überlegte mir genau, wie die Polsterung sein sollte, und erklärte das dem Polsterer. Der sagte dann meistens: „Das geht so nicht!“ Und ich antwortete: „Warum probieren wir es nicht einfach?“ Dann tat er meistens recht widerwillig, was ich von ihm wollte. Aber noch Wochen danach verdrückte er sich, wenn er mich kommen sah. Diese Erfahrung lehrte mich, kühner, freier und auch kreativer zu sein. Ich glaube heute, daß diejenigen, die sich nicht an ihrem Schulwissen festklammern, erfolgreicher sind. Drei Dinge sind wichtig, wenn man an einen neuen Entwurf geht: Auge, Herz und Hand. Ohne dies bleibt alles, was man anfängt, erfolglos. Ich kenne so viele Möbel, in denen keine Liebe steckt, das sind Möbel ohne Seele.

Es gibt eine Menge guter Schreiner, die ausgezeichnete Handwerker sind. Sie können die Zeichnung eines anderen in die Hand nehmen, lesen und sofort bis ins kleinste Detail praktisch umsetzen. Das fertige Möbel jedoch wirkt steril, weil sie der Zeichnung rein mechanisch und viel zu sklavisch gefolgt sind. Ihnen fehlt das Gefühl für den Entwurf, für das Design. Technisches Wissen und Können kann sich jeder aneignen. Das Design ist das eigentlich schwierige an einem Möbel. Die Fähigkeit zu gutem Design aber beruht auf einer ganz bestimmten

Sehweise. Und entweder man hat diese Begabung oder man hat sie nicht. Ein Entwurf existiert nicht nur auf dem Papier. Das Entwerfen zieht sich durch den gesamten Arbeitsablauf, steckt in jedem einzelnen Arbeitsschritt. Die Besonderheit eines Tischs oder eines Stuhls beginnt für mich schon, wenn ich das Holz dafür aussuche. Es geht weiter beim Zuschneiden des Holzes, beim Drechseln und Formen der einzelnen Teile und natürlich beim Zusammenbau. Vielleicht kommt einem das Bein eines Stuhls auf einmal doch zu schwer oder eine Tischplatte plötzlich doch zu dick vor. Dann muß man es ändern. Und deshalb halte ich es auch für richtig, daß die Person, die entwirft, auch diejenige ist, die das Möbel baut.

Am schwersten ist ein ganz einfacher Gegenstand zu entwerfen. Der Versuch, „anders" sein zu wollen, endet zumeist in wertloser Raffinesse. Originell zu sein nur um der Originalität willen führt zu gar nichts. Der Entwurf kommt dann nicht über das Ego des Schreiners hinaus. Ein Objekt, das entworfen wurde, um aufzufallen, mag im ersten Moment vielleicht noch beeindrucken. Doch das ist dann auch schon alles. Ebenso unsinnig ist es aber auch, „erfolgreiche" alte oder neue Werke nachzubauen. An einem Chippendale-Möbel läßt sich nichts mehr besser machen.

Ein Designer-Handwerker ist jemand, der ein Objekt nicht nur entwerfen, sondern auch bauen kann. Ich glaube, der Grund, warum uns Industriedesign oft so seelenlos vorkommt, liegt darin, daß die Person, die es entworfen hat, noch nie selbst etwas gebaut hat. Sogar den Prototyp hat meist jemand anderes gemacht. Zeichenbrett-Designer sind nicht fähig, einen Entwurf ganz durchzuarbeiten. Denn die Schlußkonzeption eines Objektes entsteht aus der Auflösung der zeichnerischen Probleme durch einen Handwerker. Dieser arbeitet direkt mit dem Material.

Sieht der Designer dann das fertige Objekt zum erstenmal vor sich, zweifelt er womöglich an seinem eigenen Entwurf und schreit nach weiteren Modellen, weil er etwas verändert haben möchte. Das kann dann endlos so weitergehen.

Es ist schwer, die eigenen Ideen einem anderen zu vermitteln. Und genau da liegt der Vorzug eines Designer-Handwerkers. Er ist fähig, während der Arbeit an dem Objekt Änderungen und Korrekturen selbst vorzunehmen. Ist irgendein Teil nicht gut gelungen, kann er das sofort berichtigen. Im Grunde entwikkelt er das Design während der Arbeit. Es ist sein Entwurf, nicht der eines anderen. Er entwirft nicht für eine Massenproduktion oder für einen Handelsmarkt, sondern für einen einzigen Kunden. Und er strebt nach bestmöglicher Ausführung.

Mir würde es nicht genügen, nur Designer zu sein. Mich reizt es, ein Stück zu entwerfen und es zu bauen; mich reizt die Zeichnung, der Zuschnitt, das Anreißen, die Holzverbindungen, die Formgebung, das Schleifen und die Oberfläche. Ich gehe in meiner Arbeit völlig auf. Ich möchte gerne so arbeiten können, wie es mich befriedigt: Ein Stück Holz in einen Gegenstand zu verwandeln, der sowohl schön als auch nützlich ist. Für mich selbst zu arbeiten, macht mich zufrieden. Manche mögen das egozentrisch und snobistisch nennen, und es ist tatsächlich ein Privileg, so arbeiten zu können. Doch ich hoffe sehr, daß sich dieses positive Gefühl auf den Benützer meiner Möbel überträgt. Meine Möbelentwürfe waren zu Anfang auch nicht viel anders als heute. Einige Stücke, die ich schon lange baue, habe ich im Laufe der Jahre etwas verändert und verbessert. Manchmal verwende ich Schablonen, um bestimmte Maße einzuhalten. Meistens mache ich eine grobe Skizze, schneide eine Schablone zu und übertrage die Umrisse auf ein Stück Papier, um das Stück von beiden Seiten beurteilen zu können. Das sagt noch nichts darüber aus, wie das fertige Möbel aussehen wird. Denn wenn ich es zusammengebaut habe, nehme ich immer noch ein wenig hier weg oder verändere dort noch etwas, bis es mir gefällt. Früher machte ich mir am Anfang eine Skizze. Dann baute ich ein kleines Modell, dann ein Modell in Originalgröße, und dann erst baute ich das eigentliche Möbelstück. Ich merkte bald, daß dabei eine Menge Zeit draufging. Also ließ ich zuerst das Modell weg, dann den Prototyp in Originalgröße und schließlich sogar die Skizzen. Heute mache ich ausschließlich nur noch für Kunden, mit denen ich nur brieflichen Kontakt habe, noch Entwurfszeichnungen. Diesen Kunden schicke ich, vor allem wenn es sich um neue Entwürfe handelt, auch Detailzeichnungen und erkläre ihnen genau, was ich vorhabe.

An einem neuen Möbel sehe ich eine Menge Dinge, die ich verändern möchte. Ich baue dann jedoch keinen neuen Prototyp, sondern nehme die Veränderungen direkt an diesem Stück vor. Es mag sein, daß ich dies heute so machen kann, weil ich schon so viele Möbel gebaut habe.

Man fragt mich oft, warum ich denn so an einem Thema kleben und nicht auch auf anderen Gebieten arbeiten würde. Meine Antwort darauf lautet: Ich finde, ich habe noch nicht wirklich perfektioniert, was ich tue. Und ich glaube auch nicht, daß ich jemals so vollendet sein werde. Jeder neue Auftrag ist eine neue Herausforderung an mein Können.

Ein Mensch allein kann so viele verschiedene Dinge machen. Stellen Sie sich vor, Sie hätten eintausend Kunden, die alle einen anderen Stuhl haben wollten. Man müßte sie mit Schnörkeln versehen, einfach damit sie unterschiedlich aussehen! Ich finde nicht, daß man immer unbedingt etwas verändern oder variieren muß. Wenn ein Möbel gut ist, dann ist es gut. Aus einem einzigen Entwurf können zehn verschiedene Stühle werden.

In meinem Kopf habe ich eine Fülle von Ideen. Vor meinem inneren Auge sehe ich Hunderte von Möbeln, die ich gerne noch bauen würde. Und wenn ich auch mit meinen laufenden Aufträgen vollauf beschäftigt bin, nehme ich mir doch die Zeit, pro Jahr drei oder vier neue Möbel zu entwerfen. Ich kann dabei meine Energien erneuern. Es kann nämlich manchmal recht eintönig sein, eine Gruppe von zwölf gleichen Stühlen zu bauen. (Obwohl am Ende doch jeder seine eigene Ausstrahlung hat.)

Das American Craft Museum in New York plante eine Ausstellung über Betten (1966). Paul Smith, der Museumsdirektor, bat mich, für diese Ausstellung ein Bett oder etwas, was mit Betten zu tun hat, zu entwerfen. Ich sagte zu. Meine Schwiegertochter Kathryn erwartete zu dieser Zeit ein Baby; also dachte ich an eine Wiege. Das würde das Thema der Ausstellung treffen – schließlich ist eine Wiege ja auch ein Bett – und es wäre etwas für mein Enkelkind.

Aus einer Idee ergibt sich die andere. Die meisten Wiegen sind so niedrig, daß den Müttern fast das Kreuz bricht, wenn sie ihre Babys hineinlegen oder herausnehmen. Warum sollte man die Wiege also nicht höher bauen? So fing ich an. Dann dachte ich, warum könnte man nicht die Wiege in eine Art Schrank integrieren, der gleichzeitig Stauraum für Decken und Windeln bieten würde? Und so entstand mein Wiegenschrank.

Ich versuche jedes meiner Möbelstücke so schön und so ansprechend wie möglich zu machen. Und gleichzeitig muß es auch zweckmäßig sein. Jedesmal, wenn jemand in einem meiner Stühle sitzt, an einem meiner Tische ißt oder einen meiner Schränke aufmacht, möchte ich, daß er es spürt, daß dieses Möbel speziell für ihn gefertigt worden ist. Das Wissen darum genießen beide: der Erbauer und der Benützer.

Museen und Galerien halten oft Ausschau nach Objekten, die „anders" sind. Solche „anderen" Dinge – außergewöhnliche oder sonderbare – werden dann vor allem in Zeitungen hoch gelobt. Glauben Sie bloß nicht, man könnte auf Stühlen dieser Sorte sitzen! Ich habe mich in einem New Yorker Museum mal auf einen Schaukelstuhl gesetzt und bin sofort runtergefallen. Das habe ich dem Museumsdirektor erzählt. Er meinte dazu: „Sam, man soll nicht darauf sitzen, er ist nur zum Anschauen da!"

Etwas zu bauen, das den eigenen Bedürfnissen entspricht, ist einfach. Aber Möbel zu bauen, die in eine bestimmte Umgebung passen und eine bestimmmte Funktion erfüllen sollen, das fordert Erfindungsgabe, Kreativität und handwerkliches Können. Dabei wird man mit sich selbst konfrontiert, und die eigenen Fähigkeiten werden auf eine harte Probe gestellt. Aber so etwas ist wichtig. Ich empfinde es als eine echte Herausforderung meiner designerischen Begabung, wenn ein Kunde viele Möbel bestellt, die alle auf eng begrenztem Raum untergebracht werden müssen und trotzdem vielen Menschen Platz bieten sollen.

Auf der High-School wurde uns im Fach Bauzeichnen eine Aufgabe gestellt: Wir sollten ein selbstentworfenes Haus mit allen Grund- und Aufrissen zeichnen. Ich fand mein Haus ganz großartig. Der Lehrer sagte dazu: „Dieses Haus könntest du niemals bauen." „Warum?" fragte ich. „Es würde ein Vermögen kosten", sagte er. Ich verstand, an die Kosten hatte ich überhaupt nicht gedacht. Er sagte: „Ein Architekt muß ein Haus planen können, das sich zu vernünftigen Kosten bauen läßt. Das ist die eigentliche Herausforderung: ein Haus zu planen und zu bauen und dabei in einem vorher festgelegten Kostenrahmen zu bleiben." Das gleiche gilt auch für Möbel. Ich finde viele Handwerker heutzutage ausgesprochen maßlos, und damit meine ich sowohl den Stil ihrer Möbel als auch den verschwenderischen Umgang mit dem Material.

Viele junge Leute wollen ihre romantischen Vorstellungen vom Handwerk und vom Individualismus nicht aufgeben. Ich fürchte jedoch, daß mit der zunehmenden Zahl von Leuten, die sich wieder dem Handwerk zuwenden sich auch viele von ihnen der Massenproduktion, der Konformität und der Gleichheit zuwenden werden. Sie gehen alle in die gleiche Falle. Man geht auf eine Handwerksausstellung und sieht dort ein recht gelungenes Werk. Auf der nächsten Handwerksmesse werden Sie vier oder fünf Nachahmungen davon finden. Anstatt ihren eigenen Weg zu gehen, scheinen die Leute sich wieder in die Konformität zu flüchten. Ich bin schon oft gefragt worden, ob es mich kränkt, wenn ich Möbel sehe, die meinen ähnlich sehen. Dazu fällt mir eine Geschichte über Hamada, den japanischen Töpfer, ein. Als man ihn fragte, ob ihn Nachahmungen seiner Werke stören würden, antwortete er: „Nach meinem Tod wird man glauben, daß alle meine schlechten Sachen von dem anderen Töpfer sind, und alle seine guten Sachen wird man mir zuschreiben." Vielleicht sollte man die Sache von dieser Seite aus betrachten.

Ursprünglich wurde beinahe jeder Gegenstand, der sich heute massenhaft in unseren Haushalten befindet, von einem Handwerker in Handarbeit hergestellt. Oft nach der Zeichnung eines Designers oder einer Designergruppe. Dieser Handwerker wußte nicht nur, wie man Zeichnungen liest, sondern auch, wie man mit seinen Werkzeugen und dem betreffenden Material umgehen muß, um das herzustellen, was der Designer entworfen hatte. Wir staunen über die Wundertaten einer Maschine, aber noch nie ist etwas so Wunderbares wie die menschlichen Hände erfunden oder erschaffen worden. Eine Maschine ist kein Mensch; mit einer Maschine wird man nie etwas produzieren können, das dieses Gefühlsmoment hat, welches ein handgefertigtes Objekt in sich trägt.

Ich erhielt mehrmals die Gelegenheit, Entwürfe für die Serienproduktion zu machen, aber ich entschied mich für den anderen Weg. Vor vielen Jahren sah ein großer Möbelhersteller auf einer Ausstellung drei Möbelstücke von mir und bot mir an, sie in Lizenz zu bauen. Ich besitze den Brief dieser Gesellschaft immer noch. Darin steht, sie würden etwa eine Million Exemplare von jedem Stück herstellen und mir vom Gesamterlös 5 Prozent auszahlen. Man müsse die Möbel aber wegen der erforderlichen Maschinenarbeit ein klein wenig verändern, fuhr der Brief fort. Ich antwortete ihnen, daß sie bei etwaigen Veränderungen zuvor meine Zustimmung einholen müßten. Und ich schrieb, daß ich meinen Namen zurückziehen würde, wenn sie meine Möbel so veränderten, daß ich nicht mehr dazu stehen könnte. Sie schrieben zurück, sie fänden mich ein wenig pedantisch und zögen ihr Angebot zurück. Für mich war das in Ordnung. Rückblickend betrachtet hätten ich zwar viel Geld verdient, doch meine Karriere wäre zu Ende gewesen.

Ich habe es niemals bereut, daß ich mich nicht auf eine kommerzielle Vermarktung eingelassen habe. Jahre später interessierte sich ein anderes großes Unternehmen für meine Möbel, aber auch mit ihnen wurde ich nicht handelseinig. Ich habe mich auch nicht genügend darum gekümmert, weil ich nicht wirklich daran interessiert war. Ein anderer Grund, warum ich mich nie dazu durchringen konnte, Entwürfe für eine Massenproduktion zu machen, ist der, daß in der Industrie immer kopiert wird. Da entsteht ein gutes Design, und im nächsten Jahr sieht man es auf einmal überall.

Man hat mich schon – freundlich gemeint – egoistisch genannt, weil ich nicht mehr produziere. Man warf mir vor, nur reiche Leute könnten sich meine Möbel leisten. Und wenn ich mehr Leute einstellen würde und sie für mich produzieren ließe, dann könnte ich meine Preise senken und dann würden mehr Leute in den Genuß meiner Möbel kommen. Ich sehe das nicht so, weil auch viele nicht wohlhabende Leute Möbel von mir besitzen. Es gibt Schreiner, die ihre Möbel vollständig von ihren Angestellten bauen lassen. Andere lassen die Einzelteile irgendwo fertigen und bauen sie dann nur in ihren eigenen Werkstätten zusammen. Ich kann das nicht. Und ich will das auch nicht. Jedes Stück, das meine Werkstatt verläßt, habe ich gebaut.

Nein, meine Werkstatt wird ein kleiner Betrieb bleiben! Ein großer Produktionsbetrieb, und mit *groß* meine ich mit mehreren Angestellten, wäre das Ende meiner ursprünglichen Intention. Es ist manchmal schwierig, sich nicht von Gewinnbeteiligungen verführen zu lassen. Aber ich habe meine Maßstäbe und meine Überzeugungen.

Henry Dreyfuss machte sich einst Sorgen um mich und meine Familie. Er fragte sich, was mit ihr geschehen würde, wenn ich arbeitsunfähig wäre, weil ich als einziger Geld verdiente. Er nahm es auf sich, ungefähr acht der besten Möbelhersteller in den Vereinigten Staaten anzuschreiben. Ich erhielt von jeder dieser Firmen einen Brief des Direktors, in dem ich gebeten wurde, ihnen Fotos meiner Werke zuzusenden. Und jeder Firma schrieb ich zurück, dankte ihnen für das Interesse an meiner Arbeit und erklärte, ich sei nicht an einer Zusammenarbeit interessiert. Henry fragte später einmal nach, was aus der Sache geworden sei, und ich erzählte es ihm. Er lachte und meinte, das hätte er sich schon gedacht. Diese Fürsorglichkeit war typisch für ihn. Er redete immer auf mich ein, doch auch für die Massenproduktionen zu entwerfen. Aber dann überlegte er und sagte: „Ich hätte dich nicht fragen sollen. Wenn ich könnte, wie ich wollte, würde ich es genauso machen wie du."

Es ist natürlich wahr: Wenn ich nicht mehr arbeiten kann, dann hört alles auf. Das ist der einzige Nachteil meiner Haltung, aber den kann ich akzeptieren. Glücklicherweise ist es mir noch nie passiert, daß ich nicht mehr in der Lage war zu arbeiten.

Ich glaube, wir alle haben es gern, wenn andere unsere Arbeit loben. Für jemanden, der mit seinen Händen arbeitet – ein Bildhauer, ein Maler, ein Goldschmied, ein Schreiner –, muß es ganz schrecklich sein, nur zu arbeiten und nichts zu verkaufen. Wenn unsere Arbeit einen anderen glücklich macht, dann wertet sie das noch mehr auf. Schon ein wenig Anerkennung motiviert und bestätigt uns.

Ich erinnere mich, daß ich vor vielen Jahren mal vom Postamt zurückkam und meiner Frau die Briefe hinstreckte. „Gute Nachrichten?" fragte sie. „Eine Absage", antwortete ich traurig. Sie erwiderte: „Sam, manchmal tut es dem Ego ganz gut, abgelehnt zu werden." Wie wahr! Wir sollten öfter mal eine Bestandsaufnahme unserer Prioritäten machen.

Unter den vielen Besuchern meiner Werkstatt und unseres Hauses sind mir zwei noch besonders gut in Erinnerung. Ich erhielt einen Anruf: Zwei Leute wollten mich unbedingt sofort besuchen. Ich erwiderte, es wäre besser, sie kämen am Abend. „Woher sind Sie?" fragte ich. „Aus Hawaii", antworteten sie. Ich lud sie zum Abendessen zu uns ein, aber sie erklärten, daß sie noch an diesem Abend zurückfliegen müßten. „Also gut, dann kommen Sie zum Mittagessen", sagte ich. Die beiden aus Hawaii erschienen kurz danach bei uns und brachten Ananas, Mangos und Papayas mit. Ich fand das sehr nett von ihnen. Während des Gesprächs bei Tisch fragte ich sie, wie lange sie schon hier seien. Sie antworteten, daß sie erst heute früh angekommen seien. „Was führt Sie her?"

fragte ich. „Wir sind auf einer Pilgerfahrt“, war die Antwort. „Wohin?“ „Hierher“, sagten sie. Obwohl mich das verlegen machte, fand ich es doch auch sehr nett von ihnen, daß sie so über meine Arbeit dachten. Noch heute fühle ich mich von diesem Vorfall geschmeichelt und bestärkt.

Solches Lob und eigentlich jede Anerkennung verpflichtet auch den Empfänger. Ich bekomme eine Menge Briefe von Kunden, Schreinern und anderen Menschen, die meine Möbel mögen. Wenn sie sich die Zeit genommen haben, mir zu schreiben, dann fühle ich mich auch verpflichtet, diese Anerkennung zu erwidern. Ich bin kein guter Briefeschreiber; nach fünf Briefen bekomme ich einen Krampf in der Hand. Aber ich bemühe mich, jeden Brief so bald wie möglich zu beantworten. Menschen sind mir wichtig.

Es ist ganz normal, daß junge Leute Anerkennung brauchen. Wenn mich junge Leute in meiner Werkstatt besuchen, dann frage ich sie oft: „Nach was suchst du? Aus welchem Grund machst du das?“ Und dann antworten viele als erstes: „Ich möchte gerne bekannt werden.“ Darauf sage ich: „Hast du eine Mappe?“ Und vielleicht haben sie schon ein oder zwei Möbelstücke gebaut. Ich finde, daß ihre Prioritäten etwas durcheinandergeraten sind. Junge Menschen drängen darauf, etwas aufzunehmen und zu lernen. Und sie können nur schwer verstehen, daß man viele Jahre dazu braucht, das ganze Wissen in sich aufzunehmen. Man hört nie auf, dazuzulernen. Und jeder Tag bringt wieder etwas Neues.

Mir fällt es schwer, meinen Lehrlingen begreiflich zu machen, daß ich ihnen zwar alles, was ich über Werkzeuge und Möbelbau weiß, beibringen kann, daß ich sie aber nicht Design lehren kann. Wie kommt ein junger Handwerker zu dieser Fähigkeit? Ein ganz wichtiger Schritt dahin ist, die Dinge um uns herum wahrzunehmen und richtig anzusehen. Das kann man in Museen und Galerien erfahren und üben, aber auch in der unmittelbaren Umgebung. Wichtig ist das Wie des Sehens.

Ich glaube, daß ein ernsthafter junger Schreiner in einem Betrieb viel mehr lernen kann als in einer Schule. Einige Schulen haben zwar Lehrer, die selbst praktisch gearbeitet, vielleicht sogar selbst eine Werkstatt gehabt und vollberuflich als Schreiner gearbeitet haben. Auf solchen Schulen kann der Schüler von den Erfahrungen seines Lehrers lernen. Häufig aber stellen Schulen als Lehrer einfach Hochschulabsolventen ein. Das ist nicht nur für die Schule, sondern vor allem für die Schüler und auch den Lehrer selbst schlecht. Auf der Tagung in Niagara Falls vor vielen Jahren, wo es um die „Rolle des Handwerks in der Erziehung“ ging, drehten sich viele Gespräche zwischen Handwerkern und Lehrern um genau dieses Thema. Alle stimmten darin überein, daß eine Schule für die Handwerksfächer nur Lehrer einstellen sollte, die mindestens fünf Jahre praktische Arbeitserfahrung außerhalb des Schulsystems gehabt haben. Das ist sicher eine vernünftige Idee, ich fürchte aber, sie wird sich in der Praxis nicht durchsetzen.

Wenn man mich fragt, was ich von Schreinerschulen halte, dann antworte ich meistens: „Der Unterricht wird dich pro Jahr ungefähr viertausend Dollar kosten oder sogar mehr. Dazu kommen Kost und Logis. Der Kurs wird zwei oder drei Jahre dauern. Kannst du dir das leisten?“ Mein Rat lautet: „Nimm die viertausend Dollar und kauf dir davon Werkzeuge und Maschinen. Und dann lernst du durchs Ausprobieren!"

Vor vielen Jahren sprach ich mal in der Purdue University, als ein junger Mann auf mich zutrat und sagte: „Sam, Sie sind kein Purist." „Was meinen Sie damit?" fragte ich. „Sie verwenden Maschinen", antwortete er. Ich lachte und sagte: „Also, wenn Sie vom Schreinern leben wollen, dann müssen Sie etwas produzieren. Und dann müssen Sie die Möbel auch verkaufen können, wenn Sie nicht verhungern wollen. Und ich glaube einfach nicht, daß ich genug produzieren kann, um meine ganze Familie zu ernähren, wenn ich keine Maschinen benütze." Aber auch ich habe am Anfang nur Handwerkszeuge besessen und konnte damit produzieren. Heute setze ich natürlich Maschinen ein: Ich habe eine gut ausgestattete Werkstatt. Wenn ich jedoch an all das Schleifen, Formen, Verbinden und die ganze Oberflächenarbeit denke, dann muß ich zugeben, daß 80 Prozent der Arbeit an einem Möbel auch heute noch Handarbeit ist.

Ein anderer junger Mann schrieb mir, daß er nur Handwerkzeugs benütze und obendrein nur alte Werkzeuge. Eines Tages kam wieder ein Brief von ihm, in dem er schrieb, er hätte gemerkt, daß er ein paar Maschinen kaufen müßte, und jetzt würde seine Produktion so gut laufen, daß er davon allmählich leben könnte. Außer auf Anerkennung und Romantik sind die Jungen ganz versessen auf materielle Sicherheit. Ich denke, wir sind so an unsere materialistische Einstellung und Lebensweise gewöhnt, daß wir oft vergessen, daß es im Leben eigentlich um mehr geht.

Sehr viele – nicht alle – Handwerker sind heutzutage mehr am Verdienst interessiert, als daran, was sie erschaffen. Die Höhe meines Einkommens war für mich immer recht nebensächlich. Ich mußte selbstverständlich mich und meine Familie durchbringen. Hätten sich meine Möbel nicht verkaufen lassen, dann hätte ich wahrscheinlich eine andere Richtung einschlagen müssen. Doch das war Gott sei Dank nicht nötig.

Ich mag Holz, sonst würde ich nicht damit arbeiten. Aber ich sehe in Holz nichts Mysteriöses, Geheimnisvolles. Ein Handwerker muß das Material, mit dem er arbeitet, achten und schätzen. Erst aus dieser Achtung heraus kann ein Objekt entstehen und die Arbeit an diesem Objekt ein Gefühl der Erfüllung und Befriedigung erzeugen, das nur wenige Menschen jemals erleben. Und das bekommt eine noch tiefere Bedeutung, wenn wir mit ein wenig Demut anerkennen können, daß der eigentliche Meister hinter allen Dingen Gott ist. Unsere Hände sind seine Instrumente.

Emerson schrieb: „Ich denke, derjenige ist glücklich, der, wenn die Rede von Erfolg ist, in seinen Werken nach einer Antwort sucht."

Der Geruch nach Holz in meiner Werkstatt ist natürlich angenehmer als ein Schreibtisch in einem Büro. Für mich und meine Familie überwiegen die Vorzüge unserer Arbeitsweise die Nachteile und Belastungen, von denen andere glauben, sie würden einen Designer-Handwerker, der sich nicht anpaßt, erdrükken. Ein Einkommen aus Verträgen mit der Industrie hat für uns weniger Bedeutung als die Zufriedenheit, die wir durch unsere Lebens- und Arbeitsweise gewinnen.

5

Zu Hause

Viele Menschen sind erstaunt, wenn sie sehen, daß ich inmitten eines drei Hektar großen Zitronenhains lebe und arbeite. Ich habe manchmal das Gefühl, sie halten es für ein märchenhaftes Dasein: der ehrliche Handwerker und seine Familie glücklich an einem abgeschiedenen und idyllischen Ort. Es hat mich aber auch fünfunddreißig Jahre harter Arbeit gekostet, mir als Schreiner einen Namen zu machen und gleichzeitig mein Zuhause und meine Umgebung so aufzubauen.

Als ich mit dem Möbelbauen anfing, lebten Freda und ich in einer Wohnsiedlung in Ontario, Kalifornien. Vier Jahre lang diente mir eine kleine Garage als Werkstattraum. Und die ganze Zeit redete ich davon, aufs Land zu ziehen. 1951 sagte Freda schließlich: „Ich kann's nicht mehr hören. Warum machen wir es nicht einfach?" An diesem Abend schaute ich in die Zeitung und fand ein knapp ein Hektar großes Grundstück mit einem Haus am Fuß des Mount Baldy zum Verkauf angeboten. Ich fuhr hin und sah es mir an. Es sah verheerend aus. Den versöhnlichsten Anblick boten noch ein hübscher Avocadobaum und ein kleiner, gerade eben bewohnbarer Holzschuppen. Der Besitzer wollte eine horrende Summe dafür. Handeln ließ er nicht mit sich. Natürlich dachte ich, das sei es gewesen. Doch drei Monate später rief er plötzlich an und fragte, ob wir noch interessiert wären. Wir überschrieben ihm alles, was wir an Kapital besaßen.

Mein Freund Phil Dike lieh uns den Rest. Später kauften wir von einem alten Mann nebenan, der ein guter Freund von uns geworden war, noch Land dazu.

Nach unserem Umzug arbeitete ich in dem kleinen Hühnerstall, der vorhanden war. Der Boden war verdreckt, und das Dach so niedrig, daß ich mich ständig leicht bücken mußte, um mir nicht den Kopf zu stoßen. In diesem Stall habe ich zwei Jahre lang gearbeitet. Dann habe ich das Fundament für ein zukünftiges Werkstattgebäude gegossen und auf diesem ohne Wände und ohne Dach gearbeitet. Über Nacht mußte immer alles in den Stall geräumt werden. Eines Tages rief ein mit uns befreundeter alter Bauunternehmer an und sagte: „Sam, Du kannst auf Dauer nicht so draußen arbeiten. Du brauchst eine richtige Werkstatt. Kauf Du das Holz, und ich komm und stell es dir kostenlos auf." Ich rief im Sägewerk an und erklärte meine Lage. Sie gaben mir das Holz und meinten, ich solle es zahlen, wenn ich könnte. Zusammen mit zwei Freunden stellten wir die Eckpfosten auf den Betonsockel und legten ein Blechdach darüber. Über die Jahre errichtete ich auch die Holzwände. Die Geschichte meiner Werkstatt ist nicht gerade spannend. Sie wuchs nach und nach. Der erste Teil, den wir bauten, war 6 mal 12 Meter. Ein späterer Anbau mißt 6 mal 7 Meter und wieder ein späterer noch einmal das gleiche.

Ursprünglich wollte ich den alten Schuppen ausbauen. Freda hatte ihn auch schon sehr schön hergerichtet. Er war aber in einem so schlechten baulichen Zustand, daß wir beschlossen, ein neues Haus zu bauen. Das Fundament dafür goß ich 1954; 1956 baute ich darauf den ersten Teil des langsam wachsenden Hauses. Dieser erste Teil hatte einen großen Raum, der Schlafzimmer, Küche und Eßzimmer in einem war, ein kleines Bad und zwei Schlafzimmer für die Kinder. Unser Haus ist seitdem ständig gewachsen. Und ich weise immer darauf hin, daß wir uns das niemals hätten leisten können, wenn ich es nicht selbst gebaut hätte.

Das Haus entwickelte sich ganz natürlich über die Jahre hinweg: Wann immer es möglich war, kaufte ich ein paar Balken und Latten, und wenn genug zusammengekommen waren, fing ich an, ein neues Zimmer auszubauen.

Ich bin kein Architekt, und ich würde mich auch nicht einen Hausplaner nennen, aber unser Haus sieht wirklich nicht aus wie ein zusammengeflicktes Etwas. Es hat keine Vorder- oder Rückseite, weil ich immer fand, ein Haus sollte wie ein Monolith sein: Es soll ringsum hübsch aussehen, egal aus welchem Winkel oder von welcher Seite aus man es betrachtet. Manchmal kommen Leute und laufen um das Haus herum und suchen die Eingangstür. Ich mache keine Pläne, wenn ich an das Haus etwas anbauen will. Ich halte eine Latte hoch und denke „Das sieht gut aus" und nagle sie fest. Das mache ich alles per Augenmaß. Manchmal, wenn ich einen Pfosten aufstelle, visiere ich die Türpfosten an, so, als ob sie gerade wären. Das ist meine Art zu rationalisieren: Auf meine Art bekommt das Haus einen gewissen Charakter.

Für die Gebäude und Anbauten habe ich immer eine Genehmigung erhalten. Die erste Bauerlaubnis war eine lustige Geschichte. Ich wollte ein kleines Gästehaus anbauen, also zeichnete ich ein paar wirklich schöne Pläne und legte sie vor. Der junge Inspektor, der zu uns kam, schüttelte nur seinen Kopf und sagte, dies ginge nicht und jenes ginge nicht. „Mein Gott", sagte ich, „ich baue das für mich selbst. Es wird besser gebaut sein als jeder Bauunternehmer es machen würde.“ Dann fing er an, sich für meine Möbel zu interessieren. Er war ganz begeistert. Er dachte sich wohl, wenn ich solche Möbel bauen könnte, dann könnte ich auch ein Haus so bauen.

Als ich später Fredas Atelier anbaute, kam ein anderer Inspektor zu uns, um einen Bericht über die Auswirkungen auf die Umwelt zu machen. Es ging schon schlecht los, weil er, als er ins Haus trat, sich gleich eine Zigarette anzündete. Ich bat ihn, im Haus bitte nicht zu rauchen. Da fühlte er sich auf den Schlips getreten. Dann aber sah er sich um und fragte: „Das sind handgefertigte Möbel. Wer hat sie gebaut?“ Auch er fing an, sich für meine Möbel und für das Haus zu interessieren. Er genehmigte den Bau, kam aber nie mehr vorbei, um sich das fertige Atelier anzusehen.

Ich habe nicht die Zeit, das Haus so zu bauen, wie ich ein Möbel baue. Manchmal träume ich davon, ein kleines, perfektes Haus zu haben, in dem alles aus Holz und wunderschön bearbeitet ist. Ich habe versucht, in unserem Haus wenigstens eine Spur davon zu verwirklichen, indem ich, zum Beispiel, die Türen mit phantasievollen Holzbeschlägen versehen habe, die alle anders aussehen. Die Konstruktion des Hauses besteht hauptsächlich aus Redwood (Sequoia) mit kleineren Trockenmauerflächen dazwischen. Das ist für unsere Bilder und die anderen Dinge ein wunderschöner Hintergrund. Die Böden sind aus Ziegelsteinen. Das Haus macht einen ganz warmen und gemütlichen Eindruck.

Ich habe versucht, einige Dinge des täglichen Lebens etwas einfacher zu machen. Freda wollte gerne alle Arbeitsflächen in der Küche etwa fünfzehn Zentimeter höher als normal, damit sie sich beim Kochen und Vorbereiten nicht so tief hinunterbeugen muß. Viele Leute sind ganz erstaunt darüber, wieviel bequemer diese Höhe ist. Woher diese Normhöhen kommen, leuchtet mir nicht ein. Für die meisten Menschen ist es zu niedrig, und trotzdem hält man daran fest.

Für mich ist es sehr wichtig, daß meine Frau auch hier ist. Die Nähe meiner ganzen Familie ist mir wichtig. Mein Sohn Slimen lebt direkt neben uns, und meine Tochter Marilou wohnt in der Nachbarschaft. Mein Sohn, meine Schwiegertochter, meine Tochter und die Enkelkinder sind für mich ein Teil meines Lebens.

Ich habe das große Glück, daß einige meiner Enkelkinder direkt neben mir aufwachsen und beinahe jeden Tag in meine Werkstatt kommen. Manchmal helfen sie mir, und manchmal muß ich sie rausscheuchen. Den Wiegenschrank, der auf der Ausstellung „Das Bett“ im American Craft Museum zu sehen war, habe ich für unser erstes Enkelkind gebaut. Heute befindet er sich in der ständigen Ausstellung des Museums. Meiner Frau hat es nicht gefallen, daß ich die Wiege, in der unser erster Enkel schlief, weggegeben habe. Ich habe ihr versprochen, daß ich mit Paul Smith, dem Museumsdirektor, reden und ihm vorschlagen werde, einen neuen Wiegenschrank zu bauen und ihn gegen das Original einzutauschen.

Einige der Anbauten an unser Haus wurden uns von äußeren Zwängen diktiert. Jahrelang ging das bedrohliche Gerücht um, es würde eine Schnellstraße direkt in unserer Nähe gebaut werden. Ich habe deshalb einige meiner Pläne geändert, weil ich fand, wenn die Schnellstraße gebaut würde, warum sollte ich dann noch so viel Zeit und Geld in das Haus stecken. Ich entschloß mich, zum Beispiel, einen großen 10 x 5,5 Meter großen Raum nicht zu bauen und statt dessen lieber einen kleineren. Der kleinere Raum ist viel festlicher und anspruchsvoller als sonst geworden. Die drohende Schnellstraße wirkte auf mich so, daß sie bei mir das Bedürfnis und den Wunsch auslöste, auf eine etwas spielerischere Weise kreativ zu sein.

Eines Tages kam mein Enkel Aaron, der damals acht Jahre alt war, sehr bedrückt zu mir und fragte: „Opa, müssen wir ausziehen?" Er hatte gehört, wie sein Vater mit jemandem über die Schnellstraße gesprochen hatte. Ich beruhigte Aaron und erklärte ihm, daß die Straße noch lange nicht gebaut würde, vielleicht erst in zehn oder zwanzig Jahren, und daß er sich keine Sorgen machen sollte, weil das in ferner Zukunft läge. Er sagte: „Das ist für mich keine lange Zeit. Wenn wir umziehen müssen, Opa, wohnen wir dann wieder alle zusammen?" Ich antwortete ihm: „Sicher, wir bauen dann wieder ein Haus für uns alle." Aarons Frage ließ mich an unserem Gefühl der Sicherheit zweifeln. Es ist beunruhigend, zu merken, daß das, was wir für sicher halten, in Wirklichkeit vielleicht eine Selbsttäuschung ist.

Freda und ich sind sehr dankbar und glücklich gewesen, daß wir unser Leben mit unseren Enkelkindern teilen konnten. Für uns ist das die bestmögliche Art zu leben.

Mein Zuhause, meine Werkstatt und meine Familie sind mir sehr wichtig, und zwar auf einer ganz persönlichen Ebene und auch als Arbeitsmilieu. Ich habe mich oft gefragt, was ich tun würde, wenn ich zum Arbeiten in ein Industriegebiet fahren müßte. Würde ich die gleichen Dinge produzieren wie jetzt? Wenn ich heute mal nach Los Angeles fahre, bin ich völlig erledigt, wenn ich nach Hause komme. Zu Hause in meiner Werkstatt kann ich jedoch bis Mitternacht arbeiten, ohne daß es mir irgend etwas ausmacht. Ich glaube, damit ist die Frage schon beantwortet.

Frank Lloyd Wright sagte einmal: „Am besten kauft man sich einen kleinen Nash Metropolitan (alter amerikanischer Kleinwagen. A. d. Ü.), tankt ihn voll und fährt raus aus der Stadt in die Richtung, die man mag. Und da, wo das Benzin ausgeht, da baut man sich ein Haus."

Leider dehnen sich heute die Vorstädte immer weiter ins Land aus. Alta Loma war, als wir 1953 hierher zogen, ein Dorf mit tausend Einwohnern. Heute wohnen hier bald sechzigtausend Menschen. Glücklicherweise liegt unser Besitz ein Stück entfernt von den Einkaufszentren und Neonlichtern, so daß wir uns immer noch einbilden können, wir wären auf dem Land. Die rapide Entwicklung dieser Gegend bringt es jedoch auch mit sich, daß beinah jeder ein Fremder ist. Früher konnte ich zur Post runterlaufen, um unsere Briefe abzuholen, und traf dabei immer fünf oder sechs Leute, die ich kannte und mit denen ich ein wenig plaudern konnte. Heute ist dort oft eine Schlange bis zur Tür hinaus, und keiner kennt den anderen. Ich versuche trotzdem, mich in einem gewissen Maß weiterhin in der Gemeinde zu engagieren. Das Thema der Schnellstraße ist natürlich eines meiner wichtigsten Anliegen.

Es erübrigt sich eigentlich, zu betonen, daß die Welt, in der ein Handwerker lebt, auch nicht anders ist als die anderer Leute. Man hat seine Rolle in der Gemeinde einer Stadt oder eines Dorfes, und man hat einen Freundeskreis, der wahrscheinlich weit über die jeweilige Gemeinde hinausgeht. Obwohl Haus und Werkstatt relativ abgeschnitten von dem neuen Alta Loma sind, habe ich mich nicht völlig davon losgelöst. Ich gehe öfter zu Stadtratssitzungen, und bei bestimmten Themen erhebe ich auch deutlich meine Stimme. In einer kleineren Gemeinde wäre vieles einfacher, und wenn ich jünger wäre, würde ich mich gerne stärker engagieren. Aber ich bin auch im American Craft Council eingebunden, und ich kann mich nicht zerreißen. Ich finde, wenn man einen verantwortlichen Posten nicht wirklich ausfüllen kann, dann soll man es besser ganz lassen und es gar nicht erst versuchen.

Einst war das ganze Gebiet, auf dem heute Einkaufszentren und Reihenhäuser stehen, eine Zitrusplantage. Unser Zitronenhain ist einer der wenigen, die übriggeblieben sind und noch bewirtschaftet werden. Ich wußte immer, daß wir nicht davon leben können würden, aber ich habe auch niemals geglaubt, ich müßte für das Privileg, ihn zu besitzen, etwas zahlen. Es sind sehr ertragreiche Bäume, aber bei der heutigen Wirtschaft scheint es unmöglich zu sein, mit solch kleinen Plantagen einen Gewinn zu erzielen. Letztes Jahr haben wir 2500 Kisten Zitronen geerntet. Das Wässern, Pflegen, Harken und Beschneiden der Bäume gar nicht eingerechnet, landete ich schließlich bei 75 Dollar, die ich an den Abpackbetrieb zahlen mußte, dafür, daß sie die Zitronen holten. Allerdings ist mir völlig klar, daß ich lieber einen Verlust hinnehmen werde und dafür in einem Zitronenwäldchen leben kann, anstatt mitten auf einem leeren Stück Feld.

Wir haben auch Orangenbäume gepflanzt, Avocados, Aprikosen und Pflaumen. Freda und unsere Schwiegertochter Kathryn besorgen den Gemüsegarten, und Freda erledigt noch die ganze Gartenarbeit direkt um das Haus. Auch ich komme zur Entspannung in den Garten und helfe beim Wässern und Pflanzen. Ich finde, das sind zwei wesentliche Vorteile davon, daß meine Werkstatt direkt neben unserem Haus liegt. Am Haus selbst etwas zu arbeiten, ist für mich eine wundervolle Art der Entspannung, manchmal zu Fredas Leidwesen, weil das Haus niemals „fertig“ ist. Erst kürzlich kam mir der Gedanke, einen großen, schweren Balken zu besorgen und ihn quer über die Balken in der Küche und im Eßzimmer zu legen, weil die sich etwas gesenkt haben. Ich habe auch schon ein paar sehr schöne Eukalyptuspfosten zum Abstützen. Und ich überlege, ob ich nicht im ersten Stock eine Tür nach draußen machen soll und einen großen Balkon davor baue. Manchmal denke ich sogar daran, das ganze Haus völlig umzubauen. Aber bisher bleibt das ein Gedanke.

Manche Leute meinen, es wäre viel zuviel Ablenkung, die Werkstatt direkt neben dem Haus zu haben. Ich glaube, das ist eine Sache der Selbstdisziplin. Und es ist wichtig, einen Partner zu haben, der mich dabei unterstützt. Meine Arbeit und meine Lebensumstände sind untrennbar miteinander verbunden. Da geht es gar nicht um Ablenkung. Natürlich fiele es leicht, beim Frühstück oder Mittagessen einfach noch sitzen zu bleiben, ins Haus zu gehen und etwas zu lesen oder ein bißchen am Haus herumzuwerkeln. Es erfordert etwas Selbstdisziplin, aber ich glaube, anders wollte ich nicht arbeiten.

Einer der großen Vorteile meiner Arbeit und meiner Arbeitsweise ist, daß, wann immer Besuch kommt, ich alles stehen und liegen lassen und mit dem Besucher plaudern kann. Ich bin eigentlich selten so beschäftigt, daß ich keine Zeit habe. Oft arbeite ich auch einfach dabei weiter. Ich lasse aber keine Maschinen laufen, wenn Besuch da ist. Zwei- oder dreitausend Menschen aus allen Teilen Amerikas und auch aus anderen Ländern kommen uns jährlich besuchen. Ich wundere mich manchmal, wie ich überhaupt noch zu etwas komme, aber irgendwie geht es. Die meisten Besucher kommen wegen meiner Arbeit.

Sie staunen dann häufig über unsere Kunstsammlung. Freda und ich finden beide, daß das Leben zu kurz ist, um ohne schöne Dinge zu leben. Ohne Schönheit wäre das Leben sehr öde. Trotzdem hat keiner von uns etwas erworben, einfach um es zu besitzen. Ich erinnere mich, daß jemand mal sagte, Kunstsammlungen würden uns nicht gehören, man wäre nur ihr Verwalter zu Lebzeiten.

Unseren Besuchern fällt auch auf, daß unser Sammeltrieb sehr weit reicht. Ich glaube, das liegt daran, daß wir nicht bewußt sammeln. Viele unserer Kunstwerke sind Dinge, die ich bei anderen Handwerkern eingetauscht habe. Und viele unserer indianischen Stücke haben uns unsere indianischen Freunde geschenkt. Wir haben Indianerteppiche und Teppiche aus dem Orient, indianische Keramik und moderne Keramik, moderne Websachen, Gemälde und Karussellpferde. Freda sagt immer, ich hätte den Spaß, die ganzen Sachen zu kaufen, und sie müßte zusehen, wo sie das Geld dafür hernimmt. Es gibt jedoch auch viele Dinge, wo wir sehr zurückhaltend sind im Hinblick auf unsere Ansprüche. Bei manchen Dingen bin ich sehr sparsam, bei anderen ein ziemlicher Verschwender.

Viele unserer Freunde haben Bewunderung geäußert über die Art und Weise, wie wir Dinge aufstellen oder aufhängen. Sie fragen dann oft, ob wir so etwas auch für sie machen könnten. Und ich erwidere dann: „Das ist nicht arrangiert, ich habe es einfach da hingelegt." Ich habe eine Freundin, die extra einen Innenarchitekten kommen ließ, um ihre Sammlung religiöser Kunst in einem Schränkchen zu gruppieren, das ich für sie gebaut hatte. Ich fragte sie, wie sie denn abstauben würde. Sie antwortete mir, sie hätte Fotos, nach denen sie sich richten würde, um die Gegenstände wieder genau an die gleiche Stelle setzen zu können.

Von Innenarchitektur halte ich mich fern, es gehört nicht zu meinem Metier. Einige Innenausstatter, die ich an Kunden weiterempfohlen habe, werden fast verrückt, wenn sie schließlich stundenlang bei einem Kunden sitzen und ihn bei der Auswahl eines einzigen Stoffes beraten sollen. Das ist eine sehr zeitraubende Angelegenheit. Und ich finde es schade, daß viele Leute sich nicht auf ihr eigenes Urteil oder ihren eigenen Geschmack verlassen.

Zu meinem Erstaunen höre ich öfter, daß die Art und Weise, wie ich lebe, vielleicht doch den Eindruck vermitteln würde, man könne als Handwerker ziemlich schnell und leicht zu materiellem Wohlstand kommen. Die jungen Handwerker müssen begreifen, daß ich die letzten fünfunddreißig Jahre wirklich hart gearbeitet habe. Viele junge Leute glauben, sie könnten über Nacht berühmt werden. Sie sind zu ungeduldig. Sie scheinen zu denken, man bräuchte nur ein paar Werkzeuge zu kaufen und dann ein paar Möbel zu bauen und die Käufer würden ihnen die Tür einrennen. Solche Blitzkarrieren kommen vor. Und manche jungen Handwerker produzieren wirklich Dinge, die dann in großen Ausstellungen gezeigt werden und viel Beachtung finden. Aber dann erlischt das Interesse an ihnen wieder genauso plötzlich, und sie fragen sich, was geschehen ist.

Während der langen Jahre, in denen wir oft nicht wußten, wie wir überhaupt das Geld für die Abzahlung des Hauses aufbringen sollen, war ich mir einer Sache immer bewußt: Ich besaß das große Glück, mit meinen Händen arbeiten zu können, ob wir nun pleite sind oder nicht. Es war und ist für mich immer noch eine tiefe Befriedigung: von meiner Hände Arbeit leben zu können. Das macht mich zu dem, der ich bin.

Und ich hoffe, daß sich mein Glücklichsein auch in meinen Möbeln niederschlägt. Ein Möbel, jedes Möbel, hat etwas zu erzählen, die Geschichte der Person, die es gebaut hat. Ich bemühe mich nicht bewußt darum, daß meine Möbel ihren Erbauer widerspiegeln, aber ich hoffe, daß meine Möbel ein nach außen gekehrter Teil meiner Persönlichkeit und meiner Denkweise sind. Ich hoffe, daß sie auf alle, die sie benützen, kraftvoll, lebendig und freundlich wirken. Es gibt eine Menge schön gearbeiteter Stühle, auf die man sich nicht zu setzen wagt. Ich sage es immer wieder: Ich möchte, daß meine Stühle zum Sitzen einladen. Ich möchte, daß meine Stühle den Sitzenden umarmen, ihm wohl tun. Ganz gleich, wie schön ein Stuhl ist, wenn er nicht bequem ist, dann ist es kein guter Stuhl.

Meine Umgebung ist wunderschön, aber auch sie ist etwas, das mit der Hand erschaffen wurde. Und dieses Erschaffen ist für mich sogar noch befriedigender, als sich zurückzulehnen und das fertige Produkt zu betrachten. Ich bin mir sehr bewußt, daß meine Frau und meine Familie ein unerläßlicher Bestandteil davon sind. Das Ganze – das Haus, der Garten, die Werkstatt – ist für mich wie ein Spiegelbild Fredas und meiner Gedanken über das Leben. Ich hoffe, es macht auch anderen Freude.

Riegel des Eingangstors aus Redwood.

Blick nach Norden über unsere Zitronenbäume hinweg zum Cucamonga Peak (oben links). Unser Namensschild an der Straße (oben rechts). Das Eingangstor aus Redwood (unten links). Draußen im südlichen Innenhof (unten rechts). Blick von innen auf die Eingangstür (gegenüber).

Blick vom Vordereingang auf die Nordseite des Hauses (oben). Der Olivenbaum war ein kleiner, bleistiftgroßer Zweig, als wir ihn pflanzten. Unser Neffe, Freda und ich beim Abendessen (unten). Die Küche mit dem Frühstückstischchen: Die Pflanzen werden zum Gießen herabgelassen (rechts). Der kleine Eßbereich: Die Stühle und den eckig-runden Tisch haben wir schon seit 1950.

Meine Frau Freda und ich in unserem Haus. Fredas Schaukelstuhl mit dem kleinen, runden Tischchen daneben (rechts). Eßzimmer (gegenüber): Tisch mit abklappbaren Seitenteilen und Dreisitzerbank, rechts davon ein Geschirrschrank mit herausklappbarer Platte und Holzscharnieren.

Lilienriegel an der Tür des Elternschlafzimmers, die zu Fredas Atelier führt (oben). Jede Tür in unserem Haus hat einen anderen Riegel. Die obere und untere Galerie auf der Südseite des Hauses (gegenüber): Die Türen sind mit Holzbeschlägen befestigt und lassen sich nach innen öffnen.

With Hammer in Hand
Pablo Picasso
MARIA
JAPAN A HISTORY IN ART

Zehn verschiedene Türriegel in unserem Haus.

Das Musikzimmer (oben): zwei Schaukelstühle aus Nußbaum und einer aus Eiche; die Bilder sind von Jack Zajak, Robert Frame und Millard Sheets. Mexikanische Volkskunstfiguren: „Die Hochzeit“ (unten). Galerie (rechts): Navajo-Decken an den Wänden, Orientteppich auf dem Boden. Von Rick Dillingham sind die Keramikgefäße. Untere Ebene der Galerie (gegenüber): Wir heizen mit Holzöfen. Die Keramik ist Acoma, Zuni, Zia und Santo Domingo.

Zwei Karussellpferde von Parker (oben), abgelaugt und mit einer natürlichen Oberfläche versehen. Ein Teil unserer Sammlung präkolumbianischer Figuren und Keramik (unten). Kleiner Eßtisch mit vier Schubladen und Sitzbank (rechts). Eine schmiedeeiserne Lampe von Carl Jennings hängt über weiteren präkolumbianischen Figuren. Auf dem Boden stehen chinesische Hochzeitskörbe, an der Wand hängen afrikanische Schalen. Das Schlafzimmer unseres Hauses (gegenüber): es ist 6 x 11 Meter groß. Im Vordergrund sieht man eine Navajo-Decke.

Epilog

Wenn ich zurückdenke, kann ich mich an eine Sache noch sehr gut erinnern. Meine Frau sagte mal zu mir: „Sam, Gott hat es sehr gut mit uns gemeint." Und ich hoffe, daß ich auf irgendeine Weise einen Teil dieses Segens an andere weitergeben konnte. Vielleicht ist dieses Buch oder sind meine Vorträge und Workshops Möglichkeiten dazu. Doch vor allem in meinen Möbeln habe ich versucht, das zu verwirklichen, denn in jedem meiner Möbelstücke steckt viel von mir selbst.

Viel zu oft sind wir, die wir Objekte herstellen – und ich meine alle Medien –, völlig in Anspruch genommen von dem, was wir machen. Wir nehmen jedes Lob und jede Anerkennung entgegen. Wir werden eingebildet und blasiert. Ich bin mir sicher, daß kein Mensch jemals etwas entworfen hat, das der Vollkommenheit einer einfachen Blume oder der Pracht einer großen Sequoia nahekommt. Gott ist der Schöpfer aller Dinge, und der Schönheit, die er uns gegeben hat, sollen wir ehrfürchtig begegnen. Ich freue mich darauf, weiter mit meinen Händen zu arbeiten, mit meiner ganzen Familie und allen Freunden die Freude und Befriedigung teilen zu können, die ich bei der Arbeit mit Holz empfinde. Ich danke allen und wünsche mir und allen Menschen Frieden!

Chronologie

1916	geboren in Chino, Kalifornien, als erster Sohn und siebtes Kind von Nasif Nader und Anise Nader Solomon Maloof. (Eltern geboren in Douma, Libanon.)
1934	Abschlußprüfung an der Chino-High-School; beginnt danach als Graphiker zu arbeiten.
1941–45	Militärdienst; 1942 Beförderung zum Oberstabsfeldwebel.
1947	Arbeit bei Millard Sheets.
1948	Heirat mit Alfreda Louise Ward am 27. Juni. Erste eigene Werkstatt in einer Garage in Ontario, Kalifornien. Erste Ausstellung: Los Angeles County Fair.
1949	Geburt des ersten Sohnes Slimen.
1953	Erwirbt das Anwesen in Alta Loma, Kalifornien; ein Hühnerstall dient als Werkstatt. Geburt der Tochter Marylou.
1955	Bau der heute noch benutzten Werkstatt.
1959	Als Designer/Schreiner/Techniker für ein Projekt der Dave Chapman Inc. und des US-Außenministeriums im Iran und im Libanon. Besuch des Hauses der Eltern in Douma, Libanon.
1963	Als Designer/Schreiner/Techniker für ein Projekt der Dave Chapman Inc. und des US-Außenministeriums in El Salvador.
1973–76	Regionalbeauftragter des American Crafts Council.
1975	Ernennung zum Fellow des American Crafts Council.
seit 1979	Vorsitzender des American Crafts Council.
bis 1992	Arbeitend und sehr dankbar für alles, was sich ereignet hat.

Ausstellungen

(Auswahl seit 1970)

	„California Design", Pasadena Museum, Kalifornien (von 1954 bis 1971 auf allen elf Ausstellungen).
1970	„OBJECTS: USA", Smithsonian Institution, Washington, D.C.
1971	„Woodenworks", Renwick Gallery, Washington, D.C., und Minnesota Museum of Arts, St. Paul (1972).
1974	„In Praise of Hands", World Crafts Council, Toronto, Ontario.
1976	„American Crafts", Museum of Contemporary Art, Chicago.
	„Cream of Wood", Following Sea Gallery, Honolulu.
	„Exhibition of Liturgical Arts", Fortyfirst International Eucharistic Congress, Philadelphia.
	„Please Be Seated", Museum of Fine Arts, Boston (Einzelausstellung).
	„Vignettes from American Art and Life 1776–1976", Honolulu Academy of Art.
1977	„American Crafts 1977", Philadelphia Museum of Art.
	„Californian Craftsmen", The Hand and the Spirit, Scottsdale, Arizona.
	„Contemporary Works by Master Craftsmen", Museum of Fine Arts, Boston.
	Mitgliederausstellung, American Crafts Council, Winston-Salem, North Carolina.
	„L. A. Collects Folk Art", Craft and Folk Art Museum, Los Angeles. Contemporary Crafts Gallery, Portland, Oregon (Einzelausstellung).
1978	„Exhibition Six", Following Sea Gallery, Honolulu.
	„Form, Function and Fantasy", J. M. Kohler Arts Center, Sheboygan, Wisconsin.
	Vatikan-Museum, Rom, Italien.
1979	„New Handmade Furniture", American Craft Museum, New York.
1980	„Thirty Americans", Galveston Art Center, Texas.
	Villa des Vizepräsidenten, Washington, D.C.
1981	„California Woodworkers", Oakland Art Museum, California.
	„Made in L. A.", Craft and Folk Museum, Los Angeles.
1982	„Sam Maloof", Gallery Fair, Mendocino, Kalifornien.

1983	„Crafts: An Expanding Definition“, J. M. Kohler Arts Center, Sheboygan, Wisconsin.
	„Wood Invitational“, Craft Alliance, St. Louis.
1986	„Craft Today: Poetry of the Physical“, American Craft Museum, New York.
1987	„In New Traditions“, The Worcester Craft Center, Worcester.
1990	„Family Affair“, Riverside Community College Art Gallery, Riverside (mit Slimen und Kathryn Maloof).

Bibliographie

(Auswahl)

Bücher

All America. The Catalogue of Everything American. New York: William Morrow and Co. Inc., 1987.

Bishop, Robert. *Centuries and Styles of the American Chair: 1640–1970.* New York: E. P. Dutton, 1972.

Bishop, Robert und Coblentz, Patricia. *American Decorative Arts: 360 Years of Creative Design.* New York: Harry Abrams, 1982.

Craft Art and Religion: Second International Seminar. Rom, Vatican Press, 1978.

Craftsman in America, The. Washington, D.C.: National Geographic Society, 1975.

Conway, Patricia. *Art for Everyday.* The New Craft Movement. New York: Clarkson Potter Publishers, 1990.

Dudgeon, Piers, Hrsg. *The Art of Making Furniture.* New York: Sterling Publishing Co., 1981.

Emery, Olivia H. und Andersen, Tim. *Craftsman Lifestyle: The Gentle Revolution.* Pasadena, Kalifornien: California Design Publications, 1978.

Evans, Helen Marie. *Man the Designer.* New York: Macmillan, 1973.

Fairbanks, Jonathan L. und Bates, Elizabeth B. *American Furniture 1620 to the Present.* New York: Richard Marek Publishers, 1981.

Gatto, Joseph A. *Elements of Design: Color and Value.* Worcester, Massachusetts: Davis Publications, 1974.

Hall, Julie. *Tradition and Change. The New American Craftsman.* New York: E. P. Dutton, 1977.

Masterpieces from the Boston Museum. Boston: Museum of Fine Arts, 1981.

Paz, Octavio und World Crafts Council. *In Praise of Hands: Contemporary Crafts of the World.* Greenwich, Connecticut: New York Graphic Society; and Toronto: McClelland & Stewart, 1974.

Pearson, Katherine. *American Crafts: A Source Book for the Home.* New York: Stewart, Tabori & Chang, 1983.

Shekerjian, Denise. *Uncommon Genius. How Great Ideas Are Born.* Viking Penguin, USA Inc., 1990

Stoebe, Martha G. in Zusammenarbeit mit Billings, Hazel S. und Stoebe, Wallace. *The History of Alta Loma, California, 1880–1980.* Alta Loma, Kalifornien: B & S Publishing, 1981

Woodenworks. Washington, D.C.: Smithsonian Institution; und St. Paul, Minnesota: Minnesota Museum of Art, 1972.

Film- und Fernsehproduktionen

Handmade in America. Produzent (für ABC): Barbaralee Diamondstein. 1982.

On the Go. Produzent (für NBC): William Kayden. 1959.

Sam Maloof: The Rocking Chair. Produzent: Bob Smith. 1983.

Sam Maloof: Woodworker. Produzent: Maynard Orme. 1973.

Sam Maloof: Woodworking Profile. The Taunton Press. 1989.

Periodika

American Crafts, Oktober-November 1981, pp. 4–8; April-Mai 1987, p. 72.
American Forests, Juni 1957, pp. 12–13.
Architectural Digest, November-Dezember 1971, pp. 76–80.
Art For Everyday, 1990, pp. 19, 20, 30, 82, 85, 228.
Better Homes and Gardens, März 1951, pp. 258-59.
Bonytt, April 1962, pp. 82–84 (Norwegen)
Craft Horizons, Mai-Juni 1954, pp. 15–19; Mai-Juni 1964, p. 93; Juni 1966, pp. 16–19; Mai-Juni 1970, p. 64; August 1971, pp. 16–19.
Creative Crafts, Oktober-November 1960, p. 14; Januar-Februar 1961, pp. 3–7; Mai-Juni 1971, p. 14.
Fine Homebuilding, Juli 1991, pp. 36–41, 88–89.
Fine Woodworking, November-Dezember 1980, pp. 48–55.
House and Garden, April 1968, p. 94.
House Beautiful, Februar 1954, p. 84; Mai 1954, p. 151; Oktober 1954, p. 173; Dezember 1954, p. 117; Juni 1961, p. 112; April 1962, p. 146.
Living for Young Homemakers, Dezember 1955, pp. 88–91.
Long Beach Independent Press Telegram („Southland Sunday" Beilage), 22. März 1970, pp. 24–25.
Los Angeles Examiner („Pictorial Living" Beilage), 30. September 1956, p. 12; 25. März 1962, p. 8.
Los Angeles Times („Home" Beilage), 28. Oktober 1951, pp. 24–25; 30. März 1952, pp. 10–11; 8. August 1954, pp. 13–15; 12. September 1954, pp. 19–22; 28. November 1954, pp. 19–20; 11. September 1955, p. 10; 22. Januar 1956, pp. 14–15; 29. Januar 1956, pp. 24–25; 15. Juli 1956, pp. 20–21; 27. Januar 1957, pp. 12–13; 25. August 1957, p. 20; 26. Januar 1958, pp. 18–19; 4. Januar 1959, p. 12; 10. Januar 1960, pp. 12–14; 17. Januar 1960, p. 40; 8. Januar 1961, p. 35; 12. Februar 1961, p. 18; 10. September 1961, p. 17; 25. März 1962, p. 12; 9. September 1962, pp. 18–19; 20. Oktober 1963, p. 23; 15. März 1964, p. 24; 27. September 1964, p. 30; 24. Januar 1965, pp. 20–22; 14. Mai 1967, p. 18; 21. Juli 1968, pp. 18–21; 29. September 1968, pp. 14–19; 12. September 1971, p. 12; 6. Februar 1972, p. 30; („Midwinter" Beilage), 2. Januar 1958, p. 60.
Mechanics Illustrated, Februar 1983, p. 20.
Pacific Woodworker, Februar 1982, pp. 12–15; Juni-Juli 1982, pp. 6–13.
Perfect Home, April 1974, p. 2.
Scan, 22. Februar 1964, pp. 3–4.
Pacific Woodworker, Februar 1983, pp. 12–15; Juni-Juli 1986, pp. 76–77.
PSA, September 1982, p. 74.
San Francisco Chronicle („Sunday Bonanza" Beilage) 16. Mai 1965, p. 42.
School Arts, März 1981, pp. 29–31.
St. Louis Globe-Democrat („The Magazine" Beilage), 26. Februar 1983, pp. 11–12.
Woodworking International, Februar-März 1989, pp. 2–6.
Workbench, November-Dezember 1982, p. 19.

Auszeichnungen, Preise und Sammlungen

(Auswahl)

1959	Hardwoods Industry Exhibition, Museum of Science and Industry, Chicago.
1962	Gold Key, National Home Furnishings League, Southern California Chapter.
1967	Outstanding Excellence of Craftsmanship, AIA, Pasadena Chapter.
1969	Craftsman Apprentice Program Grant (erster Preisträger), Louis Comfort Tiffany Foundation.
1972	Craftsmanship in Allied Arts, AIA, Inland (California) Chapter.
1975	Fellow, American Crafts Council.
1984	Fellow, National Endowment for the Arts.
1984	Sammlung, St. Louis Art Museum.
1985	Fellowship, John D. MacArthur and Katherine T. MacArthur Foundation.
1985	Living Treasure of California, State of California.
1985	California Classics, Los Angeles Craft and Folk Art Museum.
1986	Sammlung, Dallas Art Museum.
1987	Sammlung, Los Angeles County Art Museum.
1988	Sammlung, Twentieth Century Wing, Metropolitan Museum of Art, New York.
1988	Goldmedaille, American Craft Council.
1990	Lifetime Achivement Award, The Arts Foundation of San Bernardino County.
1991	Excellence in Craft Merit Award, The Society of Arts and Crafts, Boston.
1991	Detroit Art Institute.
1991	The Smithonian Institution, Renwick Gallery.